60分妈妈，做100分自己

黄馨禾　郑爱敏　著

中国工人出版社

| 前言 |

不完美的妈妈，完美的爱

黄馨禾

经过一年备战，攻克了语言关，爱敏很快就要去伦敦国王学院攻读她最喜欢的艺术管理专业了。

这些年来，爱敏始终保持着积极向上的热情和高度的自律，在事业和学习上，没有她穿越不过的高山。当然，你可能会说这里有闺密滤镜的成分，但一个真正厉害的人，总会让你产生幻觉，你和她十年相随，还是有着一步之遥。虽然说术业有专攻，但是在心力和格局上却能明显看出我和她的差距。

我问她去伦敦求学一年，16 岁的儿子奇奇怎么办？她说奇奇已经到了法定独居年龄，可以选择独居在离学校近的公寓。早在初中的这 3 年里，孩子的衣食住行已经都能自理，一日三餐自己下厨还乐在其中。午饭时间，同学喜欢围着他求“分享”，他也经常多做一些美食带给同学品尝。他几乎是全校唯一一个自带午饭的学生。同学去他家玩，对方口无遮拦：“天哪，你家好小啊。”奇奇也只是一笑而过，并没有为此纠结不安。对于一个强烈寻求同龄人自我认同的青春期男孩来说，这份不卑不亢的成熟，这份清晰的自我认知，很多成人都难以达到。

英国客体关系儿童分析家温尼科特说，世界上其实并没有婴儿，婴儿是不可能独立存在的。你如果看见一个婴儿，你就一定能同时看到他的妈妈。而一个孩子虽然不再是婴儿，但你一定能从他举手投足的处事态度中看到他妈妈对他言传身教的痕迹。的确如此，在奇奇上小学时，爱敏就坚持每天做早餐，朋友圈打卡连续3年，这个历程不是有意而为培养孩子些什么，而是想和更多的人一起去分享这份亲子互动的乐趣。对孩子品行的培育，只不过是母子间乐趣的延伸和重构罢了。

在今天，网络社交媒体把中外各阶层的女性生活现状以及其所代表的价值观，毫无保留地展现出来。透过手机小小的屏幕，你就能突破时空壁垒窥见她者的各种状态，爱情、婚姻和事业因选择而带来的缤纷万象，以此更可照见和映射自己的生活。一方面，“看见”是好事，但另一方面，各种流行价值观的横冲直撞，令你无论选哪一种，都会以失去某些方面为代价。

这些，都在给越来越多的女性带来困惑、焦虑和痛苦。新手的年轻妈妈，很容易陷入抑郁不能自拔；走向中年的妈妈，会无力挣脱于持久疲惫的现实。特别是，几乎每一个职场妈妈都必须在母亲、工作角色和自我这三种角色之间不断切换，稍微不留神，就会顾此失彼，狼狈不堪。

当下的一切，都混合了历史的回响。三从四德，是传统美德，现在看来只是女性生存空间狭窄的妥协。在那样的时空里，婚姻并不一定是爱情的坟墓，但很大程度上是女性自我发展的坟墓。那么对当今的女性而言，何为美德，何为标准，开始变得模糊不清。看看我们身边的女性，很多是一味奉献的付出型女性，也有很多是备受呵护、安于依附的公主病女生，但是想要做一个经济独立、心态强大，具有高度的自我觉知，充满热情与喜悦的女性，是非常难的。

在中国，20 世纪独生子女教育的推广，极大地提升了女性受教育的程度，随着成年后经济能力的提升，更进一步给城市女性提供了前所未有的选择权。同一个时代横截面，女性的多元化发展，给了我们对于生活方式的大胆选择，也同时带给我们选择上的焦虑。那就是，对于女性来说，当成为母亲之后，应该把什么放在第一位？这种身份焦虑所碰撞出的撕裂感，尤其存在于家庭代际传承的无意识选择里。

如果我们这些妈妈和周围的圈子秉承着传统相夫教子的价值观，那么受过高等教育的女性需要把工作发展和自己的需求放在与孩子同等重要的位置，或是在某个阶段暂时把孩子放在次要位置。这不只意味着要与自己的母性生理和心理本能共处和耐受（不能常陪在孩子身边所带来的愧疚感），还要走出区别于自己母亲和圈子中其他同龄女性朋友不一样的道路。

这是一种与舒适区格格不入的背叛感，这是一种对于未知的忐忑不安，于每个人而言，都是“少有人走的路”。《60 分妈妈，做 100 分女人》起初的构思，也源于此：在你孤立无援时，可以看到另一种可能。希望以爱敏和我在媒体领域和心理咨询、教育领域所实践的经验，能带给你一丝光亮，有迹可循。

从生物医学的角度来说，怀孕可以保护患有自体免疫性疾病的女性，因为哺乳可以强化母亲的免疫系统。

这一发现让我对成为母亲有更多的好奇。从遗传基因学上来说，为了补偿女性生产的艰辛，会把更多的遗传基因给到孩子，因此从统计学上来看，女性的寿命要比男性长 5—10 年，而且在孕期获得第二次改变母亲基因的机会。因为孩子与妈妈的基因是不一样的，由于脐带的联系，母亲的部分基因片段会受到孩子基因的影响，而重新排列组合，起到基因互补和修复的作用，女性的身心因而变得更加的敏锐、强韧和有智慧。

成为父母，在生和育的过程，我们未被检验的无意识幻想中，仿佛在同一时间成为我们的父母和自己胎儿与童年时期的自己。你会发现，你抚育孩子的态度方法乃至说话的口吻语调话语都与自己的父母极其相似，甚至你恼怒于自己成了自己曾经厌恶的父母的样子，这些潜藏的记忆和情绪被激活，排山倒海地涌动着。因为孩子的到来就是一个提醒，直到此刻我们才认为自己彻底地成为一个成年人，一个女人，一个要为另一个或几个生命承担着不可推卸责任的真正的母亲。这种由内而外推动的震惊，借由生产的阵痛呼唤母性就位，在日常生活中实现爱的投注。

因此，从个人成长和对外拓展的意义上来说有了孩子，如同再世为人。会让你不自觉地审视和完善个性。

孩子会带动你对这个世界不断地好奇和探索，因为爱而充满希望，你希望自己能成为值得孩子尊重和热爱的妈妈，每当有所怠惰，摔倒就地躺平的时刻，想到孩子会复刻自己的习性，妈妈的所作所为就会影响到孩子命运，就不由得悚然心惊，再次安抚自己振作起来。

虽然俞敏洪曾说："一个女人婚后最大的能耐是自己不再进步，却可以把一个男人搞得很成功或是很失败。"但这样的时代，终将会成为过去式。

原先人们总说，一旦当了妈妈，就会走下坡路。而如今，阻碍我们发展走下坡路的不是男人和孩子，男人是自己所选，孩子是自己所生，阻碍我们前行的是我们并不真正地知道自己想要什么，且为此要付出怎样的代价。你不可能在同一时刻拥有一切，期望成为100分的妈妈，会让你不可避免地陷入患得患失的选择与行动焦虑之中。

女性要活出自己，首先是不能因为家庭、丈夫、孩子，以及工作，而放弃做自己，才能更美丽，更自信，更健康，更有活力。那么，放弃做一个完美的妈妈，而去争取做一个爱自己的女性，做一个“Good Enough”妈妈（心理学家温尼科特提出的概念），才能最终摆脱焦虑。60分妈妈，清晰地知道自己不可逆转地会失去什么的过程，这份割舍决断的承担力打碎成为完美妈妈幻想的诱惑，让你在某个节点得出最优解。如果说100分的“完美妈妈”，是指360度无微不至照顾孩子的一切，陪读、陪练、陪学，事必躬亲；那么60分的“足够好妈妈”，是保证孩子足够的爱和安全，既不忽略也不过度干涉；除此之外，60分妈妈能够平衡爱自己的要求，给自己留有足够的生活空间和个人兴趣，给自己留出40分的空档，在一种放松、舒服的状态下，构建更自然、更融洽的亲子关系。家庭和孩子，能够让我们变成更好的自己，虽然女性依然要承担许多家庭责任，但成为妻子和母亲早就不是女性发展的终结点。家庭也不再是一种束缚，反倒能够赋予我们源源不断的动力，一往无前地推动自己前进，从不曾中断。

本书主张的“60分妈妈”理论，要点在于：做女人，首先是要学会爱自己。她愿意接受自己的女性身份，不需要处处和男性竞争——一定要比你做得好，做得强，来证明我更有价值。做女人，重要的是和伴侣的平等，你是独立的，有自己的边界，也会很好地表达自己的需要。伴侣间这种相互成就的信念和实践，也会推动和支持着自己前进，家庭，成为我们再出发的起点。更重要的是，做一个60分的不完美妈妈，才有可能做一个美好的自己，高颜值、会赚钱、够独立、有使命……活出生命的热情，活出生命的最高级。

做60分妈妈，就是把10分空间交给孩子，培养孩子的独立性，在不同的年龄段，给予孩子独立成长的空间，让孩子早早做主，对自己负责。

做60分妈妈，就是把10分空间留给工作和事业，创造自己的富足和经济独立，赢得社会的尊重和认可，身教重于说教。

做60分妈妈，就是把10分空间留给自己，投入时间健身运动，发展兴趣爱好，照顾好自己的健康和美丽，活出一个有趣而充实的生命。

做60分妈妈，把10分空间交给未来，交给不确定，让孩子学会接纳不完美，和孩子一同迎接未来的挑战。拥抱世界的无常和不完美，接受所有不确定带来的焦虑，但也可能是——惊喜！

做60分妈妈，剩下的4个10分，并不是在同一个时间段内的平均分配，而是在家庭生命周期与个人成长周期之间张力的平衡，比如孩子3岁之前可以暂缓事业进度，多多陪伴。而在此期间如果正好是你创业的高峰期，请放下内疚，把信任交给家人或调动社会资源，全力以赴。如果这个时间段因工作和生活挤压了自我照顾的时间，请有意识地做调整哪怕是每天20分钟的发呆和散步等，或是给自己承诺过段时间独自度假小憩。

60分妈妈，不是传统意义上的满分，但可以让女性走得更有激情、更远，有更大、更全面的发展空间。

每一个人生，都是和光阴岁月做伴的长跑。对于每一位父母，成长哪里有终点；幸运的是，我们可以和孩子相伴，一起进步，为成为更好的自己而努力。

| 目录 |

第三章 女性的四个成长阶梯

第四章 活出最高版本的自己

第一章

不完美妈妈，人类新物种

生而为人，就生活在各种关系之中。人生在世的很多痛苦，都是关系之中的痛苦。而妈妈的焦虑，大多来自孩子。

中国式亲子关系，传统文化的影响较大，导致两代人彼此边界感不清晰，父母与子女呈现较为强烈的“共生关系”。而在这种你中有我、我中有你的共生式亲子关系中，中国妈妈带孩子累，就成为一个普遍现象。

其一，过度关注。

其二，对孩子期望过高。

其三，攀比心过重。

这其实都是妈妈没有边界感，把自己内心的不安全感，投射到了孩子身上。

怎样才能做一个不焦虑的妈妈，其关键之处就是，和孩子划清界限，把足够的独立空间和发展空间留给孩子，把足够的精力、时间和关爱留给自己，提高自己的能力，提升自己的价值。这也就是轻松快乐地做“60分妈妈”“不完美妈妈”的意义所在。

孩子是最好的老师，请放下你所有的傲娇

你可以庇护的是他们的身体，

却不是他们的灵魂，

因为他们的灵魂属于明天，

属于你做梦也无法达到的明天。

——纪伯伦

如今，我们会经常听到“父母是孩子最好的老师”这种说法，这已经成为今天每一个家长都耳熟能详的教育名言，相信很多年轻的父母都从这个理念中获得了启迪和帮助。可以说，这是近 20 年以来流行起来的现代育儿理念的 1.0 版本，然而时代的列车轰鸣前行，面对网络化时代成长起来的“00 后”孩子，“自由”和“个性”几乎成为他们的标签，我们是否应该从一个更广域、更超然的角度，来重新看待亲子关系，来协调两代之间的代

沟，来实现共同成长？

对于新一代的家长，在亲子关系中需要释放更多的谦虚度和接纳度，而“向孩子学习，孩子是最好的老师”，应该才是更具能量和未来价值的育儿理念 2.0 版本。

向孩子学习，拥有学习力和创新力

在我们的眼里，每一个孩子都像天使一样降临人间，纯粹、天真、好奇、无畏，是孩子们与生俱来的特质和优点。而他们最强的两大优势，则是像海绵一样对万事万物的求知和好学的能力，以及天马行空般无拘无束、自由奔放的创造、创新能力。

特别是在信息风驰电掣般快速更新的互联网时代，一方面，由于电脑、智能手机的普遍使用，使这一代孩子从小就拥有超强的信息技术能力；另一方面，信息传播技术的飞速发展，使每一个个体都面临前所未有的挑战——对已有的知识结构、专业储备、社交技能的挑战。基于这样的时代背景，家长在孩子面前，通常呈现出很多的劣势和不足。

我们不难观察到，大多数家长在电脑和智能手机的使用能力上大大落后于他们正处于中小学阶段的孩子，随之而来的，在信息吸纳能力和视野上的差距就更为惊人。

有人说，从“70 后”开始到“00 后”，中国社会用 30 年走完了欧美国家 100 年的发展道路，但面对已经全面走向现代化的“00 后”，我们传统的教育观念就显得有些陈旧了。在整个社会的经济水平和物质水平大大提高的前提下，我们更应该考虑的是，如何培养一个综合素养高、创新能力强、能适应未来社会的高速发展的现代化人才，而不是用作业填满孩子的童年。

21 世纪是强调构建学习型社会的时代，从学习型企业到学习型家庭再到学习型个体，都是不落后于时代的必备方式。

所谓学习力，是感知和接受新事物的能力。我们每一个个体，无论是身在职场，还是身在家庭，如果想实现高质量的工作和生活，适应这个时代冲浪式的生存方式，学习力是不可或缺的必备能力。而我们的孩子，是我们得以直接影响和熏染的样板。

首先，孩子天生具有品鉴力。如果你细心观察就会发现，孩子对于清洁、秩序和美感有天生的品位，很多时候根本无须大人的引导。在一个著名的实验中，心理学家给出很多张人脸照片，先让成人选出好看和一般两类，再让不满一岁的婴儿来看，目的是考量后天教育对审美的影响。结果发现，婴儿的目光在所谓美女的人脸照片上停留了更长的时间。也就是说，人的审美能力很大程度上是天生的，对于优美的事物，孩子具有直接的敏感度。反而成人因为后天的各种因素而磨灭或衰减了这种感知力。

其次，孩子都是超级聪慧的学习者。除了语言方面的学习，在智能手机和电脑的使用上，很多孩子也是无师自通的。另外，在艺术、运动等能力上，只要给予孩子足够的外部条件，大多数孩子经过日常的观察和模仿就可以习得，并不需要特殊的天分和专门的教导。

所以说，孩子具备这种基于敏锐的觉察和洞悉、基于观察和模仿而获得的学习力，当之无愧可以充当为大人做参考和指引的角色。

说到创新力和创造力，是一种打破传统和窠臼的勇气和魄力，自由而灵活，大胆而无畏。在这一点上，成人更是毋庸置疑，需要躬身向孩子学习。当你看到，孩子用普通的积木或乐高零件，拼出惟妙惟肖的火车、楼房，拼出千奇百怪的机器人、怪兽，你不得不深深折服于他们的想象力和创造力。

更不要说在充满了大数据、智能化的当下，重复与因循守旧的思维方式注定跟不上未来的发展。如果说第一次工业革命带来了人力的解放，智能化时代则带来了脑力的革命，可见，独立的思考有多重要。所有高度重复、高度知识积累和经验积累的工作都将通过大数据和智能化交给人工智能去做，而那些具有创造性的工作如艺术创造和科技发明才会让人类来完成。

向孩子学习，成为最好的伙伴

在冲浪式生存的智能化时代，我们传承千年的家长唯大、“尊尊亲”、恭敬不如从命的孝道文化，可能成为一种误区。

作为传统孝道观念，在很大程度上体现为父母对子女的完全支配权，子女对父母的一味顺从也被描绘成了美德。“要听话……你不能……希望你……”，诸如此类的家长口头禅，不仅会扼杀孩子的创造力，还打击了孩子的自信和自尊。

在家庭生活中，指令型家长、领导型父母带来的影响是毁灭性的，对孩子的学习兴趣、创造力构建、独立的思维能力都是根本性的破坏，控制型的亲子关系更是给很多孩子带来了童年阴影，潜移默化之中影响了孩子一生的成长轨迹。好在近十几年来，越来越多的父母已经具备了新的智慧，实现了从领导型父母到教练型父母的蜕变。他们逐渐理解了尊重孩子的重要性，给予孩子充分的鼓励、激励和启发。

然而，这些可能还不够。更高层次的家长，懂得承认自己也会有不足，愿意和孩子一起学习，一同成长。

美国从 20 世纪 60 年代婴儿潮一代开始，把一种颇为反叛的观念带入子女的教育中。连英文“家庭教育”这个词汇，也从“parenting”演变为一个新的拼写——“peer-enting”，也就是伙伴型家长的意思。其中，“peer”指的就是同伴、伙伴，强调了朋友般的平等关系。他们主张，父母和孩子的关系，不是自上而下，不是权威式的，而是有事平等商量，要说服而不是命令。同时，家长也要聆听孩子对自己的批评，合理的部分随时改正。

对于在孝道文化浸润的中国家长而言，从领导型父母到教练型父母再到伙伴型父母，堪称是极大的挑战和突破。

更高层次的家长，会为了教育孩子而学习，装备最新的教育理念，不跟风、不盲目。这样的家长，会努力提升和完善自己，他们知道“你是谁”比要求孩子“成为谁”更有力量，陪伴和言传身教比说教更重要。这样的家长，认识到每一个孩子都是独一无二的自己，尊重孩子成为真正的自己。

向孩子学习，勇敢探索未知

有人说，拥抱未知，是伟大的时代精神。属于这个时代的成功者，必备的特质就是拥抱未来、拥抱未知，对新事物充满渴望，对尖端技术充满热爱。我们每一个家长，都希望自己的孩子将来能成为主导自己人生的人，更希望他们能成为引领世界的栋梁之材，那我们更需要珍视这种能力。不仅要很好地呵护我们孩子在人生之初这种可爱的懵懂与可贵的好奇，更要挖掘我们自身尘封已久的感知力、创造力乃至颠覆力。

成人往往是惧怕未知的，在未知面前很多人会幻想、恐惧、退缩，正是这样，把优秀和平庸分割开来。而在这个瞬息万变、愈加趋向不确定和未知的时代，我们只能调整心态，拥抱这些不确定性。

而孩子身上的好奇心和勇气，实在令人赞叹。

对于新奇事物的热爱，是每一个幼童都拥有的优点。不管遇到什么样的挫折、失败，他们都不会打消自己尝试和探索的念头。然而家长往往会自以为是，总是用“听话”“乖”来作为对孩子的认可和赞扬，却很难懂得欣赏孩子身上那光芒万丈、如太阳初升一样的勇气和探索力。

不惧怕变化，敢于无限裂变，在这一点上，孩子绝对可以成为大人们的老师。

永葆孩童般的初心，拥有少年般的抱负，当你每尝试一个新的突破，每涉猎一个新的领域，你不但提高了自己的适应力和变通力，而且可以体验到那种孩童般的新鲜的体验感和喜悦的成就感。一个习惯中餐的妈妈，可以在孩子的促使下，享受烘焙的乐趣和西餐的新奇。一个长时间伏案工作的爸爸，可以在孩子的央求下，练习一下拼装机器人的手工，或者到运动场重温少年时代的奔跑。

与其抱怨孩子的需要打乱了自己的生活方式，不如把每个新的领域当作“重启”自己的契机。做一个终身学习者，做一个学习型的父母，是以不变应万变的终极之道。

不做“OUT妈妈”，要学会做“IN妈妈”

一不小心，你很容易就被“OUT”了。

你看，当今世界最牛的企业家，都是著名的辍学生，因为他们太早地发现了机遇，于是等不及毕业就创业了。微软创始人比尔·盖茨、苹果创始人乔布斯、戴尔公司创始人麦克·戴尔、Facebook创始人扎克伯格，这些世界顶级成功的企业家都是在大学中途辍学，直接开始了创业。

当然，这并不是说大学辍学创业一定会成功。而是，传统的大学毕业才能正式进入社会这一条件，在今天的社会环境里显得并非必要；换言之，下一代主导世界的时间点也为此而提前了数年。

所以，从孩子身上捕捉面向未来的信号，有多重要，有多紧要！

凡是喜欢说“别人都是这么做的”之类的有从众心理的人，基本上都缺乏逻辑判断能力和视野前瞻能力。如果不学习和时时精进，很容易就被抛在了“过去时”。

你仔细观察周围的人，比如你外公的知识体系在他的青年时代形成，这几十年没有太大变化，于是他的思维方式和做事方式就一直停留在半个世纪前的年代。但是你能鲜明地感受到，中国十几亿人口，每个人的知识结构和思想意识差异巨大，犹如生活在不同的时代。人和人之间，都穿着同样风格的衣服，说着一模一样的语言，但是行为举止却有巨大的不同，这种不同，就在于每个人接收的信息和懂得的道理不同。

如果因为工作和生活你需要和这些人发生交集，那么一天之中，你需要在不同的时代河流中切换和穿越，你需要在不同的速度与状态中力图保持稳定，你会在内心感到剧烈的撕裂感。就像你身在历史博物馆里，看到不同时代的物品用具同时陈列在一起。只不过在生活中，你需要面对更鲜活的、更动态的生命，需要应对飘摇不定、没有底线的价值观。

所以，每一个晋升为父母的人，都应该感恩我们身边的孩子，从他们身上我们可以洞见未来的信号。

如果你还用 20 世纪的方式教育孩子，或者用我们父母辈的方式教育孩子，那肯定是“OUT”了。所以，努力学习起来，做一个不落伍于时代，不错失未来的“IN 妈妈”吧！

IN 妈妈手记

这些年来，拥有一个宝藏

文／爱敏

如果说，父母属于过去，你我属于现在，那么，孩子属于未来。

在我的眼睛里，每一个孩子都是天赐的宝藏，他们仿佛都有着神秘的本能，启迪着这个世界：未来将是一个怎样的走向。

其实原本如此，因为20年后、30年后，整个世界的模样，恰恰将被这一代“未来的主人”所亲手缔造。

并且，这一代孩子掌控世界的时间和速度，可能大大提前。

◎儿子3岁时告诉我，快乐，是最宝贵的精神财富

作为一个在一线城市里白手打拼的异乡人，没有任何人脉和靠山，在很多年里，我是一个不折不扣的工作机器。我每天都在冲锋，冲上了一个任务完成的高地，然后又刻不容缓地奔向下一个高地。我的朋友福小姐在一篇文章中回忆到2007年时的我，是如此的冷硬严苛。

“那个时期，遇到郑爱敏郑老师，跟现在的‘郑美好’不同，那时候的老郑一点都不美好，为人尖锐严苛、威严肃穆。现在想来，她对工作的高强度和严格标准，才让我们这一批

‘80后’具备过硬的童子功。”

我丝毫没有意识到我在外人眼中多么可怕，我也根本感受不到自己有多么不柔软、不快乐。

只是清楚地记得，有一次，我带着孩子去见客户，在郊外我们经过一个空旷的平台，脚下踩着温暖的木制栈道，3岁的儿子奇奇硬拉着我躺下来，躺在木板上，四肢摊开，仰望天空。他说，妈妈，你看，多好玩啊！

我出生于20世纪70年代早期，那是一个物质极度匮乏的年代。我的童年家里极其清贫，加之家教甚严，于是没有任何零食、没有任何玩具，电视几乎不允许观看，更不要提玩滑滑梯、去游乐场是什么滋味。于是，长大了就长成了一个“快乐的绝缘体”。

然而，相伴的时光里儿子一再地启发我、引导我，快乐是比物质成就更有价值的财富。很多次，他把两只小手分别放在我的嘴角两边，向脸颊上部努力推起，想让我的嘴角上扬起来，他说：“妈妈，你笑啊，你笑起来啊！”

◎儿子6岁时，因为他，我学会了开车

我向来对机械的玩意儿充满了抵触，有了驾驶证好几年了，还不敢上路。

那一年，孩子到一个距离住所很远的地方上小学。每天早上，除了我自己驾车送他，别无他法。我硬着头皮练习了开车，为了保证儿子的安全和舒适，还成为一个驾驶技术非常优秀的司机。当然，收获的还有通过驾车实现自由行动的乐趣和自信。

◎儿子 8 岁时，敦促我，操练厨艺有多有趣

从小几乎不碰任何家务的我，到了结婚之后，也几乎不会下厨。然而在最近的这些年，我成为朋友圈大热的美食达人，每每被朋友夸赞厨艺好，我都要说儿子奇奇才是我的入门老师。

儿子所上的国际学校，每年都会组织一两次美食大会，每次都有各个国家的妈妈大展厨艺献上民族特色美食。忙于工作的我，很少参加这种活动，也不得而知都有什么样的神仙美味。但是儿子奇奇却被某国妈妈的苹果派“种了草”，不停地软磨硬泡，要吃苹果派。他很是坚持，这一念叨就念叨了一两年，这期间，我想尽了各种办法——去饭店点菜，去西式甜品店购买，无论如何，都不是奇奇满意的苹果派。

百般无奈，我添置了一台家庭烤箱，学会了烤制第一个苹果派，这个苹果派被儿子大为赞赏。我这才明白，奇奇想要的苹果派一点都不难，不需要花太多钱购买，而是家里自己动手做的那种家庭版苹果派，才是口感最好的味道。

明白了这个秘诀，我很快学会了各种中西大餐，一切手到擒来，摆盘又好看，轻轻松松就成为朋友圈的厨艺网红，成了众

人眼中的生活美学领路人。

◎儿子 11 岁时，为了他，我花了 3 年时间恶补英语

那一年，孩子升入国际中学，面临全英文的教学，英文作业动不动就是小型论文，数学作业很多都是语义敏感、用词精确的数学应用题。作为家长，英语水平跟不上，看着这些就成了可怕的天书。

我发现，自己一向自信满满的人生，前所未有地面临了一个重大挑战，我感到惶恐、焦虑。就像走进了一个漫无边际的荒原，是那么茫然，那么无助。

有一次，我问儿子，你现在写作业怎么不找我帮忙呢？孩子很干脆地回答，反正找你你也看不懂。

我不能忍受孩子的教育完全进入我未知的领域，我不敢设想以后当他还要面临考大学、选学校、选专业等各种问题的时候我只能束手旁观。我感觉自己就像一个文盲一样可怜，我更感觉孩子的教育就像一个脱离引力的卫星飞进了茫茫宇宙，完全失控了！

我铆足了劲，开始想尽各种办法学英语，找英语机构，找老外私教，甚至学起了雅思。我记得跟一位雅思老师第一次见面的时候，他很好奇我为什么在如此高龄的阶段和一帮在校大学生一起报考雅思。我说了三个原因，都是和孩子教育相关。

我回答说，第一点，我需要跟上孩子的学校教程，能配合学校和老师的需要，了解孩子的学习进度；第二点，我需要了解国外大学的教育体系，在孩子上大学的时候对于全盘安排可以做到胸有成竹；第三点，等到儿子大学毕业之后，我和他的知识结构和信息视野不至于差距太大，我要尽可能缩小和他的代沟。

经过3年时间的“恶啃”，我终于学会了写英文作文，也终于可以在孩子写英文作业的时候给出指导和修改意见了。

这一刻，我感到了欣慰，更感到了笃定和踏实。我想，我可能比大多数同龄人更快地走到了时代的前面。

给予孩子星辰大海，自由是最好的礼物

> 与儿童的智力发展一样，
> “自由”也是儿童道德发展的重要前提。
> 儿童的勤奋、持之以恒以及忍耐等美德，
> 都是在习惯性的平静气氛中显露出来的。
> 而要创造这样的气氛，
> 关键是能够解放孩子，
> 给孩子真正的自由。
>
> ——朱永新《让孩子创造自己》

作为家长，我们都希望将孩子培养为能够搏击长空的雄鹰，而不是满足于豢养的家禽；希望孩子将来是顶天立地的栋梁，而不是依赖攀附的藤萝。但如果从小不引领孩子构筑星辰大海的梦想，将来的他怎会有远航的目标；如果从小不训练孩子经历风雨

的能力，将来的他又怎能经受大风大浪的冲击。

在包办式母爱养育下的孩子，成人之后不仅缺乏打理自己生活和工作的能力，人际关系屡屡亮起红灯，更有可能对社会秩序造成干扰。最近新闻上很多奇葩个案可以说都是做事缺乏尺度甚至偏离常识的“巨婴”。

当然，真正的自由，不是无法无天，不是放任，而是在一个弹性的、适度的空间里，给孩子选择权、尝试权和犯错误的机会，让孩子获得成长必需的体验。

给孩子自由，让孩子做主

网络上流行一个笑谈，叫“有一种冷，叫你妈妈觉得你冷”。这其实就是典型的包办式母爱，是打着爱的旗号，用自己的感觉代替孩子的感觉，用自己的选择压制孩子的选择。

不难预见，在这种亲子关系中长大的孩子，一是没有充分的自信，二是没有管理自己的能力和责任感，三是连心理上的安全感都很难拥有。对内，不能妥善地管理自我的世界，生活品质和生命质量都无从谈起；对外，人际关系一团混乱，甚至危害社会、贻害无穷。

在中国几千年传统的农耕文明里，中国人特有的熟人社会组成了主要的社会关系，人和人之间的纽带更多的是没有太多隐私可言的熟人关系网。因此，中国传统文化强调家族、强调权威，强调整体价值，并不鼓励明确的自我意识。但是当社会变迁，进入流动性更大、空间更为广阔的社会空间里，整个社会秩序更需要民主、法制和商业契约关系，也更需要重视私人空间和个人边界。否则，对个体而言，会让人对自我产生无力感，缺乏自信和自爱；对社会而言，则会造成冲撞和混乱。

只有在一个崇尚理性、尊重边界和规则的社会里，人们才能真正获得追求幸福和梦想的能力。现代社会和传统社会最大的不同，就是有了边界意识，职场和家庭要有边界意识，个人更需要边界意识。

现代人作为独立个体，自我意识就是要明确自我和外界的边界。“我尊重你，我也尊重自己”，个人边界类似于底线或者原则。“边界意识好”的人，意味着他能明确自己责任和权力的边界，是现代人独立意识的开端。

在家庭里，父母有自己的边界，孩子也有自己清晰的边界。父母首先懂得孩子和自己是不一样的，伴侣和自己也是不一样的，我们都会尊重这个不同。

孩子跌倒了，本应该自己爬起来，如果你立刻去扶，殊不知你的善良侵入了孩子的界限，孩子的自我边界就会在过度关爱中一步步模糊和缺失。孩子慢慢长大，有能力独立上学，但是我们常常在大街上看到，多少家长陪伴着已经步入中学人高马大的孩子，背着孩子的书包，紧紧攥着孩子的手，寸步不离。

在这种模糊的边界中长大的孩子，带着模糊的自我边界和同事互动，或者过度承担委曲求全，或者态度松懈推诿责任；带着这样的模糊边界和社会互动，也会常常产生冲突和抱怨。

家庭关系里的界限，让每个个体都有自己的独立感，都有自己的外部自由和分内责任，尊重别人，也尊重自己。

给孩子自由，培养自我的责任

为了孩子幸福、健康地成长，他们应该逐渐学会生命各个维度的能力。责任感是生命之舟的舵轮，而自由则是随之而来的结果和犒赏。

每一个孩子都有成长的刻度，这个刻度不仅仅是身高体重这种物理上的考量，更是心灵强度和生活技能的考量。比如：

4 岁的孩子，必须自己收拾玩具，否则一周内无法再玩玩具。

7 岁的孩子，要学会每天晚上睡觉之前收拾自己的书包，忘记东西要自己承担责任。

12 岁的孩子，要有一定的财务管理和时间管理的能力，零花钱如果提前用光，父母不会为之买单；作业在规定的时间没有做完，那就需要在下一周接受不能玩电子游戏的惩罚。

为孩子制定界限，是一个弹性的、循序渐进的过程。

1. 循序渐进。根据孩子的年龄，设定由易到难，由少到多的任务。可以每一年设定一个新的计划，完成之后，再继续下一个。

2. 民主讨论。这个任务设定，一定是双向讨论的，有时候需要伴随奖惩措施。任务的设立，首先，需要和孩子充分谈论沟通，达成共识。其次，设定目标的同时设定奖惩规则，才能保证任务的有效达成。这里的奖励可以是物质性的，可以是象征性的。

3. 信守约定。计划一旦制订之后，必须言出行行必果，亲子双方必须严格遵守。不能因为心情不好或者意外事情出现，大人就妥协，这个规定就不用遵守。

4. 调整和改变。给孩子设定界限，不要怕犯错。尽管我们对于不同年龄段的孩子对应家务和自理能力可以给出大致的参考方案，但是每一个孩子都是独特的。家长要大胆设想，多做尝试，探测孩子在当下的能力范畴，再制定相应的边界。

提供高质量陪伴，提前享受家长红利

包办式的母爱，注定了家长给予过度的付出和牺牲，这带来的另一个直接后果是，母亲会带着一种痛苦和不平衡的情绪，无法实现心境平和。

人非圣贤，当一个人长达十几年，为另一方源源不断地付出，早晚会与痛苦卷在一起，在生活中不断地感到委屈、郁闷，最后呈现爱的枯竭。我们认为，爱一定是双向的，是交互的。一味付出的母爱，一定是扭曲的、畸形的，处于亲子关系中的双方也不可能收获快乐的日常，丰富的情感体验。在关系里面，可以有付出，但没有牺牲；可以有付出，但不应该有委屈。

作为父母，首先是自己过得开心，是一个能够享受当下的人，其次是培养孩子成为一个具有快乐能力的人。于是，在爱的相互交流中，成为一个彼此丰盛的过程，父母和孩子互不亏欠。这样的家庭，每一个人都是独立的，而不是没有边界的共生关系。

我们不要虚无地寄托于几十年之后的“养儿防老”，而是在每一个相伴的日子，都体现高质量的陪伴，享受美好的亲情，不留遗憾。

比如，可以设定一些别有意义的家庭日活动，策划有仪式感的节日。草地上的野餐，夏天沙滩上看星星，到公园里写生；或者是家庭演讲赛，读书会，才艺表演，在这些特定的时刻里，家长要放下所有工作，全身心地投入。

还有，可以培养共同的兴趣爱好，并不需要高难度和花费太多。热爱厨艺，可以鼓励孩子早早下厨房；对于时尚敏感，不妨一起逛街；喜欢音乐，就让新年音乐会成为家庭传统。有趣的灵魂万里挑一，但是努力给孩子生命增加各种体验，让孩子活出成就感和乐趣，这样亲手塑造一个有趣灵魂的过程，会更有惊喜。

在中国这样的文化传统里，主张给孩子充分的自由，给孩子自己负责自己的责任感，但随之却给旁人带来了某种违和感。所以观念新锐的父母还要保持心态的坚定。

自由的价值和意义，不仅仅在于一碗饭、一件衣衫、一次作业这样的生活琐事中，更在于对一个生命应有的尊重。如今的社会，不懂得财务管理的月光族，不懂得生活自立的啃老族，比比皆是。这样的妈妈，在孩子小的时候醉心于包办式的母爱，在孩子长大以后无可奈何地面临继续牺牲、持续付出的困境。

亲子关系良好的家庭，不妨把两代人的关系处理为一种成长型团队的合伙人，彼此理解，相互信任和尊重，共同投入和建设，既独立又和谐。让 18 年的养育成为“享受型亲子关系”的代名词，让每一天都其乐融融。

IN 妈妈手记

13岁的战争与和平

文 / 爱敏

对儿子独立性的锻炼，我“蓄”谋已久。

一个男孩子，从4岁开始，出门旅游，都是自己收拾行李箱；5岁开始，每天负责家里洗碗的家务；8岁开始，每年换季的时候自己负责挑选新衣服。这样的教育方式，常常让一起旅行的阿姨们对我这个“懒妈妈”提出抗议，也常常让邻居大姐为孩子心疼，觉得我“太狠心”。

13岁，奇奇上了中学，也自然而然地迎来了高度自恋、血气方刚的青春期。

一个喜欢热闹、爱运动、爱交朋友的孩子，突然变得安静孤僻，总喜欢一个人宅在房间里打游戏，一个暑假都很少抬脚下楼。当和大人遇到意见不一致的时候，又喜欢固执己见、强词夺理，脾气暴躁易怒，一个小小的不如意，就会火冒三丈，房门都被摔坏了好几次。

我这才突然醒悟：那个曾经喜欢黏腻在我的老母鸡怀抱里嘻嘻哈哈的小男孩不见了，那个曾经被我严厉的眼神扫过去就吓得屁滚尿流的小弱鸡也不复存在了。

◎青春期的拉锯战

青春期伊始，恰似两国交兵，战火连天；这边厢哭声震天，那边厢门扇被踹开窟窿。

有时候是道高一尺魔高一丈，有时候是你退五十我进百步，双方毫不让步，此消彼长，不相上下。

经过几个月时间的拉锯，双方慢慢形成了平衡，彼此学着礼让三分。

儿子收缩起自己刚刚坚硬的爪尖，妈妈也收敛了自己多年豪横的威风。我们一起约法三章，收拾房间、做家务、看手机、玩游戏，都重新划定了方式方法。

几个月的战争和激烈冲突之后，青春期的到来，更多的是打开了崭新天地。孩子迎来了更多自由，妈妈也收获了更多的轻松。

这一年，奇奇开始了独自外出，可以自己坐地铁，打车、骑共享单车，甚至去商场购物。

这一年，奇奇跟随学校的组织，十几个孩子一起去新西兰探险旅游，一个旅程下来带队老师认他做了“干儿子”，老师高兴地评价说，这一群孩子里数奇奇懂事，不挑剔，顾全大局，省心。

这一年，奇奇锤炼厨艺，将买菜做饭变成了日常习惯。每天受到一蔬一饭、中西大餐的温馨照顾，妈妈也感到前所未有的幸福。

◎尽早自立，收获成就感

如今，这个身高 175cm、身材修长，天天练肌肉的男孩子，对我常常是“小老妈”“小老妈”这么叫。

我也心悦诚服地接纳了这个新“昵称”，因为人家在身高上、体能上都完全能够达到一种俯视的高度了！

奇奇在一篇随笔《业余厨师》中写道：

“在我刚开始做饭的时候呢，只是想自己尝试一下做点好吃的，给自己搞点口福。那个时候我的妈妈负责做饭，但由于每天工作的繁忙与压力，做饭的时候时不时会有一点心不在焉。因此我就尝试给自己做饭，意想不到的是，我一个 13 岁的孩子居然照着菜谱做出了一道味道还不错的菜。从此以后，我就踏上了做一名业余厨师的路……

“刚开始其实是被我妈逼着做的（因为我妈这个人虽然在某些事上很勤奋，但其实在其他一些事上是比较懒的）。当时我好像还不是很乐意，因此就出现了每月做饭给钱这一说。从此，我不仅为了自己的口福，同时还为了金钱。慢慢地，随着时间的推移，我的技术也越来越娴熟，越来越追求细节，开始慢慢地创造自己的菜，追求更完美的一个阶层。现在，我寻求的是一种喜悦，一种做完菜能让自己感到很吃惊、很惊喜的感觉。

“如今，做菜成了我每天的日常。在某种意义上，我可能是在寻求一种认可，对我自己的一种认可。我这一生，放弃的东西太多了，就好像至今，我都没有真正地做好过一件事。这就成了我不放弃的理由。不管是做饭也好，健身也好。”

◎建立孩子的内驱力，越早越省心

给孩子自由，不是让孩子天马行空任性发展；给孩子自由，更重要的是给孩子一个方向，并让这个方向成为孩子的奋斗目标。这样的内驱力，就像一个发动机，不待扬鞭自奋蹄。孩子快乐，妈妈省心。

在我的理解里，如果小学阶段突出孩子天真散漫和无忧无虑，那么中学阶段的孩子就需要面对“早立志，立大志，立长志”的课题。对于青春期的孩子，早早确立人生目标，有远大的志向，而且要持之以恒，特别重要。孩子基于本身的兴趣和特长，进行选择学习，这就是高层次的内驱力。

作为家长，在这个阶段能够帮到孩子的，首先是启发询问，其次是帮助甄别优劣，然后鼓励坚持，再有就是提供务实的路径。

奇奇5岁的时候，我们就聊起过“长大想成为什么样的人”这个话题，孩子居然一口气说了20多个职业，我赶忙记录在一个本子里。等到他中学阶段，我就经常随意地跟奇奇聊天，说在你小时候提到过的职业里，对哪些还有兴趣。在长达一两年的时间里，奇奇都很迷茫，名单里的20多项几乎全被排除了。他带有几分苦恼地说，我不知道将来自己想做什么，我也不知道自己适合做什么。

终于有一天，他很笃定地告诉我，将来要参加电子游戏职业比赛。他信心满满地表示自己多么有天分，绝对可以成为世界一流的电游选手。我听了大吃一惊，但也不好贸然反对。于是我悄悄四处打听，间接联系到一位电游冠军，但是听说这位年纪轻轻的男生已经慢性病缠身。我带着平静而又热心的口气，告诉奇奇可以联系和冠军认识，但是一听说冠军的身体现状，奇奇立马打消了自己的念头。

后来，又有一天，奇奇犹犹豫豫地说道，将来做一名大厨也是挺好的。我很鲜明地表态说：第一，厨师是一个很有幸福感的工作，给自己给别人都能带来快乐，可以作为一个职业的备选，如果你将来做厨师妈妈会很开心；第二，我可以帮忙介绍北京、天津的中西大厨和你认识，你可以直接取经，更可以真实体验做厨师的工作氛围和工作强度；第三，世界上喜欢厨艺的人很多，有很多人把厨艺作为业余爱好，并不一定作为终身职业。

之后的一些日子里，奇奇经常和我聊起职业和收入的话题，像健身教练、学校老师、金融投资、律师，这些职业都会如何如何……经过自己的一番思考，有一天奇奇又告诉我，将来想创立一家自己的时尚品牌。他请我给他讲企业运营的方法，我就聊起了夏奈尔、王大仁等设计师如何创立品牌的故事。我还告诉他，选择这个职业，目前需要打下一定的绘画基础并练习审美能力，将来相对应的大学专业和留学国家又有哪些。

这样，奇奇不但主动愿意报名绘画班，重拾他原本很抵触、感觉很枯燥的素描，而且开始慢慢勾勒自己的人生蓝图。他经常跟我分享一些时尚网站和购物平台的资讯，我们也会经常评价和分析各家款式、品牌和平台运营的优劣。

我想，一个认清自己目标的孩子才会知道努力的方向，才会充满对成功的渴望，当这个目标足够吸引他，孩子就会一步步学会迎难而上，逐渐锻炼出克服困难、突破惰性的意志力。

这就像，每一株健康的树苗，自然而然就懂得向着太阳和天空的方向，克服着地球引力，付出着每一天的努力，终归有一天，会长成参天大树。

◎用未来世界的眼光品评孩子

在姥姥、姥爷的眼里，我家奇奇“讲吃讲穿，挑三拣四，爱花钱”，一身公子哥做派。但在我看来，如今这个年代，懂消费、有品位，难道不是很重要的生活技能吗？有很强的形象管理能力，在人群中成为养眼的时尚风景，难道不是一种悦人悦己的快乐吗？

在生活中这些是与非的价值观评判中，我总是努力站在未来的角度看待当下，努力用更宽容的眼光来理解孩子。

奇奇4岁那年，拥有了一双带着铆钉装饰的小童靴，整整一个冬天里，他不再穿别的鞋子，每天都穿着这双心爱的靴子，直到穿破了为止。

可是当初为了选到这双合他心意的靴子，我们跑了好几个商场，几乎走遍了所有儿童专柜。小小年纪的他，很明确地描述他想要的靴子：黑色的、尖头的、长筒的、有后跟的。

符合他这几重标准的男童皮靴，是非常难找的，但是奇奇并不因此降低标准。当我们在童装楼层一个货架一个货架搜寻的时候，我热心地给他推荐这个那个：你看这个帅吧，你看那个可以吧？

等终于找到了差不多的样子了，他又增加了新的要求：不要前面带褶的，不要后面带弯的，不能是系鞋带款式的……最后，勉强选到一双在90%程度上符合标准的靴子，还需要我回家进行DIY加工，去除了两处多余的装饰，他才最终表示满意。

在那个时候，一向粗枝大叶的我是以最大的耐心，在守护一个4岁男孩子敏感的审美品位。他这些围绕颜色、款式和设计细节展开的挑选标准，没有一项和靴子的实际使用功能有关，但是全部与美、与视觉密切相关。我努力配合着他的不妥协不放弃，因为我知道，美与不美的标准，就是这样差之毫厘谬以千里。看似挑剔，实则严格。

这个当年穿行于商场货架中认真寻找“尖头、带后跟”靴子的小男孩，十年后的今天，他以超级挑剔的美食家口感热爱着厨艺，以很强的穿搭能力成为同学里的“时髦精”，这不就是好品位慢慢演绎出来的效应吗?

更何况，这种敏感的审美力，也许还铺就了孩子未来职业和事业的方向。当越来越多的“中国李宁”“太平鸟”中国潮牌走上国际时尚舞台，重新定义了中国审美，谁还说“讲吃讲穿爱臭美”不是好品质呢?!

做“自私”的父母，给自己百分之百的爱

在爱孩子之前，
首先要做的是爱自己，
毕竟，父母会爱自己，
就自然会爱孩子。

——弗洛姆

人们总是把爱别人的概念当作理所当然，当作美德，我们从小到大都会接受这样的说教：爱自己就是自私的表现。其实，“爱自己等同于自私”是一个错误的观念。

爱，是人类最大的能量。当一个人内在拥有充足的能量，像太阳一样有着强大的内核时，他才能够把这热能一样的爱源源不断地散播出去；如果一个人不能学会爱自己，他的内在能量就会早早枯竭。

爱自己，不是自私

把自己排在人生重要程度的首位，懂得取悦自己的人，才能更好地去爱你的伴侣、孩子和父母。

如果把孩子排在最前面，不仅成为婚姻毁灭的开始，也是孩子的一场灾难。过分付出的母亲，可能在短期或者暂时可以促成孩子的成功甚至辉煌，但是很快就会出现困扰和问题。

比如一位“90后”演员的妈妈，用她自己的话形容就是，“用整个生命去对待我的儿子，完完全全没有自我”。

不管儿子在哪儿拍戏，一定要亲手给他做饭，还非要搬到北京来照顾儿子。每天凌晨四点起床，给儿子熬梨汁，十年如一日，孩子不喝都不行。但这样全身心如苦行僧般的付出，换来的是什么呢？她的儿子至今依然单身，女儿自认承担不了这么重的责任，迟迟不敢迈入婚姻。

以牺牲自我为前提去爱孩子，孩子感受到的不是爱，而是负担。

不爱自己的人，其实才是最自私、最容易对他人造成伤害的。为什么这么说呢？因为放弃自我后面的潜台词其实是：我把一切都给你了，你得为我的人生负责。如果他们此后的人生不够圆满，就必然会怨念丛生：“要不是当初为你付出那么多，我会混成现在这个样子吗？”

把孩子排到伴侣、父母，甚至自己的前面，对孩子来说，是一场彻彻底底的灾难。

爱孩子，首先学会爱自己

一个允许爱自己、能够爱自己的女人，愿意做她自己想做的事情，自由地掌管自己的一切。一个真正懂得爱自己的人，首先是做自己的父母。

她善待自己，像母亲一样给予自己生活上的呵护、心灵上的滋养。她会照顾好自己的一日三餐，会护理好自己的起居习惯。她会让自己的居所明亮而清洁，成为一个不断带给自己正能量的外部空间；她也善待自己的身体和健康，把自己肉体的圣殿维护得营养均衡、能量充沛。

她能够热爱读书、旅行和交友。她的心灵像一面明净的窗户，向世界敞开，让新鲜的信息、新奇的体验、温暖的话语，像清新的风，又像和煦的阳光，滋养我们的心灵，让我们精神饱满。她还会领略艺术的美，以音乐浸润丰美而细腻的情感，以绘画感知万物的造型和色彩，以舞蹈应和宇宙的节律。

她善待自己，也像父亲一样带给自己自律和成长。规则带来自由，自律带来高贵，懂得自我约束体现了更为深刻的人性，让我们的个性变得更为成熟。她早起、健身，控制饮食，学习和阅读，她会常年保持健身和运动的好习惯，每一天都练习对抗惰性，每一天都打磨意志，不是向别人炫耀什么，而是为了成就更好的自己。

一个很爱自己的女人，允许自己自由自在地做自己，为她的心灵、精神充电充得饱饱的，让她的内在非常丰富满足，允许自己飞翔，她会自然地照顾与爱她周围的人，因为内在的幸福满足到自然流溢出来，分享给周遭的人。她的付出，是一股爱的力量，不是一种硬撑、辛苦挣扎、用力强迫自己的能量。

——李安妮《成为完整而性感的女人》

爱自己，才能拥有安全感

爱自己，不仅是让自己吃好穿好，衣食无忧。仅仅满足于物质上的丰盛，只能带来短时间的满足，并不能确保永恒的内在被爱的感觉。物质满足，经济自由，并且精神独立，才能带来真正的安全感。

很多女人从开始谈恋爱，整个人的生活就仅限于以恋爱为圆心，以伴侣为半径的那个小小的圆圈里，极度缺乏安全感。

典型表现就是：恋爱时挂在嘴边的是“你到底爱不爱我”；恋爱后萦绕在心头的是“你会不会出轨”。整天战战兢兢，自己心里不踏实，搞得对方也很心烦。久而久之，必然出现传说中的“七年之痒”。

梁文道先生曾说过：“一个女人一定要有自己过好日子的能力，要有别人没法拿走的东西，这很重要。”

作为一个女性，即使在婚后也要给自己留下一片独立的精神领域，不捆绑、不依附。相信这样懂得爱自己的女性，在晋升为母亲之后，才会尊重自己、尊重孩子。

你有你的前程似锦，我有的风华绝代。

你有你的海阔天空，我有我的丰富多彩。

懂得取悦自己，才是一个母亲的高级姿态。

亲子关系中最大的安全感就是：母亲情绪平和，自信，自在，喜悦。

《廊桥遗梦》里有这样一句话：“当一个女人结了婚，有了自己的孩子，就意味着，生活的起点，也意味着终点。”那些单身生活过得好的女人，才能把婚姻生活过好。能够充分爱自己的母亲，才能把亲子关系平衡好。

张小娴说："每个女人都想要安全感，都用各种方法想要得到安全感。可无论我们多么努力，无论我们拥有多少，到头来还是觉得没有安全感。"

为什么呢？因为安全感从来不是别人给的，而是自己挣的。

做到了自爱，做到了自律，父母才能掌控自己的人生，才不会绑架孩子的人生，才会放心大胆让孩子做自己。他们相信，身教大于说教，成为孩子的"role modal"，潜移默化影响孩子，"为了孩子好，我要自己变得更好"。

三重独立，带来三重安全感

第一重：物质独立，爱上原本的自己，爱上简单的生活方式。

我们没有身体完美的焦虑。无论高矮胖瘦，每一个女人都应该以自己的身体为傲，看到自己天然的美丽。

我们不会轻易被媒体创造的所谓完美形象所迷惑，不会盲目追随，不会刻意整容。

我们不会沉迷奢侈品，不会迷恋物欲，我们懂得享受简朴而健康的生活方式。

第二重：经济独立，能够创造财富，也善于运作财富。

我们拥有必要的生存技能，也懂得必要的人脉经营，能够拥有一份自己的职业和事业。

我们聪明，我们勤奋，我们努力，我们保有旺盛的进取心，我们创造属于自己的财富，能够按照自己的意愿自由地生活。

我们可以靠自己的能力帮助别人，感到自己的存在是那么的有意义。

第三重：精神独立，不取悦他人，自己为自己负责。

我们不需要用物欲来填充心灵的空虚，我们懂得幸福与快乐从不靠外在物质的堆积，也不靠依赖别人而获得。

我们不取悦别人，不会把自己的快乐建立在丈夫和孩子快乐的基础上，不会过分“无私”地为家庭付出。

我们拥有独立的思想和意志，心胸宽广，无论什么时候，我们都能够独立行走，淡定、坚定、坦然而强大。

女性越独立就越强大，气质与气场并存。

一个由内而外完全独立的女性，情绪稳定，内心富足。

她不依附别人，不绑架别人的情绪，也不会被别人的情绪所绑架。

她像太阳一样能量旺盛，像月亮一样情绪平和，自信阳光，温和善良，周围的每一个人都会感染到那份流动的精神魅力，和根植于内心的踏实笃定。

看得通透，爱得洒脱，活得漂亮，一个独立的妈妈，是孩子最大的福气。

IN 妈妈手记

投资自己，成为孩子的“巨人”

文 / 爱敏

自古以来，我们接受儒家教育，“百善孝为先”，不孝就是不善；而我认为，控诉子女不赡养自己的父母，其实是把孩子视为私有财产，视为一种投资。这种把人生寄托到别人身上的想法，和女性依赖男性有什么本质的不同呢？如今社会早就在强烈抨击女孩子的依赖心理，把人生寄托在男人身上的女生，最后往往活得卑微，没有尊严，甚至酿成各种悲剧。那么，过分寄希望于孩子，会不会也酿成悲剧呢？

在我的观念里，教育孩子，不如教育自己；与其要求孩子将来的物质回报，不如把时间、精力和一部分金钱给自己留一点，投资自己的理想，追逐自己的梦想，人生一定更精彩。永远保持活力，永远求知若渴，永远以自己的能力独立于世。

我还认为，每一个人都是站在巨人的肩膀上才能成功，这个巨人的角色可以是学校的恩师，可以是事业领域的领路人；而我想用自己每一天的努力，不放弃每一个成长的机会，让自己成为孩子身边的那个“巨人”，让他能够在我的能力的高度上、人生的高度上，再上一层楼。

◎投资自己，不是投资享乐，而是投资自律

“爱自己”“做自己”“活出自己”——是这些年我们常常追求的理想生活方式，这其实是一件挺困难的事情。因为，“爱自己”的首要条件，是实现相当严格的自律。需要控制欲望，需要挑战惰性，需要忍耐和韧性。

我在40多年的人生时间里，一直都相信女生不是靠颜值而是要靠实力来行走于世界，165cm的身高，120斤，称不上瘦，也没有常人眼中的漂亮，而我唯一引以为傲的是自己强大的自律能力。多年以来，利用早上黄金半小时，每天都会做瑜伽和芭蕾形体练习；平时搭车等人的碎片时间里，随身携带英语书，有时间就充电几分钟。

总被人问道：是不是整容了打针了？其实作为一个40+的女人，我从不做微整，没有打针动刀，也很少去美容院护理，只是对健身、饮食都有一定的自我要求，慢慢地，衣服尺码从170变到160，缩小了两个尺码，整体形象也看起来年轻了10岁。

一点一滴中，自己变美变瘦变好看了，也从一度焦灼的中年危机状态中走出来，努力活成中年少女的样子。

◎投资自己，不是投资自己的财产，而是投资成长

有一种人，值得羡慕：他们名下没有什么房产，可能在租房，但是他们内心没有恐慌，因为自己就像当下的房产，是时刻增值的；有的人甚至都不需要租房，而是租个房车周游世界，因为他们的内在丰满和价值感，也是时刻增值的。

我们经常说，有付出才有回报，实际上选对方向更重要。不像投资房产、金融项目都是有钱人的游戏，投资自己适用于每一个人，而且长远来看更保险，更划算。

对我而言，出国留学是我的青春梦想，一直未能如愿。经过几十年的愚公移山式努力，我终于移去英语这座大山，有资格打开留学的大门。于是，不仅以超高龄考生身份走下考场，拿到雅思成绩，赢得了英国名校的录取；更是一掷千金，把不菲的资金用作自己留学的教育经费，支持自己去读一年艺术管理专业的研究生。

更重要的一个条件是，我能选择在孩子还上中学的阶段而自己独自到海外留学一年，是因为多年来对孩子在生活自理和自立方面的培养，让他比一般的孩子更有独立能力。

我相信，投资自己的留学理想，投资自己的艺术梦想，对于孩子对于我自己都一定是双赢的结果。

◎孩子眼中的战斗机妈妈

14岁的儿子奇奇，曾经写过一个小随笔——《战斗机妈妈》，他这样描述道：

“我人生中第一个记忆，就是喊妈妈，那是一天早上，三岁的我从睡梦中，我也不知道为什么，嘴里莫名其妙而又自然而然地喊了句妈妈。那时妈妈在楼下，听见我喊妈妈，她就瞬间以闪电侠般的速度冲了上来……

“我的妈妈在关键的时候，简直像一个战斗机。当我遇到困难时，妈妈总是能像战斗机似的出现在我身旁，帮我渡过难关。就比如说，有一天，我马上要中文考试，而我坐在书桌前一筹莫展。这时，妈妈突然冲进我的屋子，帮我出主意，帮我改作业。这时，我感觉到了光芒、温暖以及希望。

“妈妈的工作效率非常高。她用一个晚上，就能写上万字，还能在2个小时内读完一本书。我妈妈也是一个学习非常用功的人，她每天至少用6个小时来自学英语。她每天四五点就起床学习，一天会用十几张纸，写无数的字。我觉得，以她现在的效率，只要每天保持，不出一年她就会成为大师级的英语高手了。

“妈妈的肌肉像战斗机，妈妈的工作效率也像战斗机，妈妈的勤奋程度更像战斗机，然而在我需要帮忙时，妈妈才是终极战斗机。”

我希望，若干年后，年老的我能拥有属于自己的更丰富、有尊严的退休生活，在物质上、精神上、心理上，都不攀附于孩子身上。

在我对未来的远景规划中，某种程度上就像舒婷的《致橡树》描绘的那样，我希望老年的自己是孩子身边的“一株木棉”，作为“树的形象”和孩子站在一起，而绝不像“攀缘的凌霄花”，借孩子的枝干获得自己的存在感。

今天，把生活过成有趣的样子；明天，有能力让每一天闪闪发光。

接纳不完美的自己，做真实的自己

人之所以会陷入“应该思维”，是因为我们不断在外在世界中寻找被别人喜爱的自我标准，来妄图根据这个标准创造一个理想的自我。

——心理学家卡伦·霍尼

在人们的理想中，完美母亲如拉斐尔笔下的圣母一般，充满了神性的光辉。然而理想是丰满的，现实是骨感的，日常生活中的妈妈们可能因为各种原因，无法给予孩子恰到好处的爱。或许她们自身也没有得到过充足的母爱，或许她们有痛苦的童年，或许老公对于养育孩子没有提供足够的支持，或许因产假太短不得不与孩子分离……

养育孩子的过程中，伴随幸福与痛苦、欣慰与失落同时出现的，可能是一个挥之不去的困扰：我这样做对吗？对孩子好吗？

现代社会信息爆炸，看似合理的育儿经验满天飞，如果无法一一做到，是不是说明我作为一个母亲不够好？理想与现实的差距，无形中给妈妈们增添了心理负担。其实大可不必苛责自己，完美母亲是不存在的，而你，已经很努力了。

不讨好他人，不讨好世界

很多妈妈一辈子都在拼命努力，想演绎好“妈妈”这个角色。可是，一旦用力过猛，很可能害了孩子一辈子。

我们会在拒绝别人的时候，担心对方不开心；我们不愿意给别人添麻烦，自己能做的事情尽量自己做好……当我们做到诸如此类的种种之后，如果有人还说你没做好、你不靠谱，我们就会感到委屈、痛苦，甚至是愤怒。

这些讨好的行为，背后都有着一种声音：你的感受比我重要，你好了，我就好，你不好了，我有责任。这样讨好型的我们，长大了也许就不知不觉成了讨好型妈妈。

出门前，孩子说，妈妈我要吃汉堡、鸡翅。明明自己想吃火锅，想着还是先满足孩子，于是一家人去了肯德基。

睡觉前，征求孩子意见：“宝贝，明天早餐吃什么啊？小笼包，油条，蒸饺，煎饺？你快说啊，妈妈提前给你买回来。”第二天买回来，他吃了两口就不想吃了，妈妈继续问：“你到底要吃什么？”

做作业，督促孩子：“宝贝你抓紧做啊，做完我给你买好吃的？奶昔或巧克力？”20分钟后，“啊？还没做完，你怎么回事啊，不是说好的吗？”

孩子不开心，“哎呀，你怎么不开心了呢？快来和妈妈说说”“他又欺负你，我教你……”，孩子一脸为难。

妈妈为孩子做很多的事情，看不得孩子一点难过、一点不开心。但凡孩子有点不舒服、不顺畅，就焦虑得想要快速解决这个问题。你开心了，妈妈就开心，你不开心，不顺畅，妈妈肯定有责任，我要想办法让你开心。

任劳任怨本没有错，的确是妈妈的一大好品德。可如果任劳任怨到失去妈妈的尊严，那就真的是“吃力不讨好”了。

讨好型妈妈教出的孩子很难学会感恩，他理所当然地接受着妈妈为自己付出的一切，甚至老公也视你的辛劳为家常便饭，哪天你累了病了，偶尔倦怠一下，兴许全家人还觉得是你变懒惰了。

所以，永远别把自己当老黄牛，更不要让孩子认为妈妈是一台永远不知疲倦的机器。你真累了的时候不妨直接说出来，你病了的时候也别硬扛着，请告诉老公和孩子：此刻我需要你们。习惯付出的同时也一定要学会索取与接受。

接受自己的负面情绪

从小到大，女孩就被各种来自社会、家庭、媒体的教导洗脑。例如：女孩子要乖巧、安静、听话、顺从，要懂得察言观色，懂得配合别人。于是，女孩的自我价值核心，很早就被教导成通过“别人”来定义自己，通过别人的感受和情绪来代替和克制自我的情绪。我们心中有太多的“应该”在告诉我们怎么做，这些造成了我们对自己情感的限制，并且取代了我们真实情感的表达。

在东方文化中，女性往往被教导不去表达和表露负面情绪，以免破坏人际关系的和谐。很多女性都觉得，既然别人觉得那样做是对的，那我就应该那样做。既然别人期待我这样，那我就应该像别人期待的这样做。

所以，女性要学会大胆说不，不需要牺牲自己到不开心也不敢违抗。我们要正视自己的负面情绪，如果你受到了不公平待遇就要充分接纳自己“受伤”的感受，全然地接纳它，感受它，你可能心痛，可能生气，可能愤怒，都没关系。

如果我们一味渴望成为完美的母亲，以至于我们常常把自己和孩子逼得太紧。内心又不希望别人发现我们的负面情绪，担心自己处于这种感觉中，会被其他人认为我们不配做母亲。那么，害怕分享我们的感受，使这种恐惧形成了一个循环，最终会导致更多负面的感觉和想法。

你需要知道，有这种感觉是正常的，适当地减轻压力。有时候，如果我们听到“我也一样”时，就会有一种松了一口气的感觉。另外，有时候我们只是需要支持，但是如果我们不诚实，不表达自己的想法，也就得不到这种支持了。

我们不妨让情绪的闸门尽情打开。每一种情绪都有它存在的价值。接纳自己有负向情绪的事实，是表达情绪的第一步，然后经由转化，就可以疏解压力，有助于身心平衡。

敢于示弱

“母强子弱”，强势妈妈的孩子很难自信，因为孩子的自信会在妈妈强势的状态里一点点削弱。凡是对孩子一直强势的父母，实际上在压制孩子的成长和发展。如果希望自己的孩子自信，就要学会在孩子面前示弱。

能够在孩子面前示弱的母亲，实际上是通过示弱实现对孩子的托举。

家长的示弱有两种。一种是被动的示弱。在客观错误面前，人人平等。家长要坦诚地面对自己的错误或失败，谦虚认错，勇于改正。

另一种是主观的示弱。“让妈妈休息一会儿”，“帮爸爸把鞋子拿过来”，父母慢一点，懒一点，别爱得太满，把能力空间留给孩子，让孩子从小就懂得体谅和关心父母。

不难发现，强势的妈妈总是受到全家人的抵制，懂得示弱的妈妈才会被宠成公主。

美剧《绝望主妇》里的 Bree，在任何时候都保持着最完美的状态，她姿态高贵，衣着优雅，家里整洁干净，饭菜精心烹制，花园都打理得一丝不苟。这个在邻居眼里被百般羡慕的家庭主妇，却遭到丈夫、儿子和女儿的一致抵抗。她的付出完全得不到家人的理解和认可，丈夫和儿子宁愿搬家分居，宁愿离家出走流浪街头，都不愿接受这个完美主妇。最后，她几乎失去了全部，在无数的坎坷中，她始终是几个主妇中最坚强的一个，她总是甘愿牺牲自己去解决所有人的麻烦，但结果是她的家人在疏远她，闺密在关键时候也抛弃了她，在绝望与孤独之中，她选择了自杀。

家庭关系，是此消彼长的，如果你很强势，那其他人只能弱；如果你懂得示弱，则会激起其他人的责任感。

所以，做一个 100 分盲目自信的妈妈，不如做一个 60 分敢示弱、会示弱的妈妈。

接纳不完美的自己，就是让自己的内在与外在一致，鼓励自己去觉察自己，爱自己，学着表达伤心、心痛、抱歉和对不起，鼓起勇气，表达你的委屈，暴露你的脆弱，通过打破传统价值评判而获得成长。

爱自己，是一生的功课

没有一个女人不想活得美丽，活得富有。

然而，不可能每一个女人都有美丽的老妈，天然自带强大的遗传基因。那么虽然没有天生丽质，但完全可以创造后天美丽。经由现代科学发达的皮肤管理和身材管理，一个成年女性其面容和身材是完全可以后天养成的。

一个活得精彩的女人，一定是美丽和富有的；一个富有而美丽的女人，一定是自恋的。

自我魅力和个性的实现，产生的乐趣，带来的快乐，对于女性来说比任何高级化妆品都更有效果。1914年，弗洛伊德说，自恋来源于生命能量Libido，这是生命存活和自我保护的一种功能。人类世界的每一个生命体，都渴望受到关注和赞美。适当的自我保护和关注，让个体获得自信。

自恋会让你觉得自己很重要、有能力，对自身的价值充满期待。

如果说女性的原始自恋是："我可爱吗？"那么男性的原始

自恋就是：“我厉害吗？”

女性无法通过努力工作带来价值感来抚慰“认为自己没有女性魅力”的缺失，而男性也无法通过颜值来填补被社会认可的成功。

因此女人需要通过各种手段让自己变美，而男人却心无旁骛地想有钱。这是生物性也是社会文化塑造的结果，这也是我们需要看到、顺应和超越的部分。

心理咨询师通常会发现，在心理咨询中引领过度认同男性特质的个案，探索她的女性原始自恋，效果无异于做了一次“心灵变性术”，变得会放松，多了柔情、妩媚和摇曳多姿，从而迎来极度喜悦的体验。

今天社会的发展，对个性的尊崇和鼓励，网络与自媒体平台上更多的自我展示空间，都为自恋提供了充沛的发展环境。

爱自己，活出自己的原始自恋。法国心理学家拉康说过，人生本身就是一个自恋的过程，对自己的爱贯穿生命的始终。

IN 妈妈手记

孩子不优秀，妈妈怎么办

文 / 爱敏

首先，这是一个伪命题。

何谓优秀，何谓不优秀？这个优秀与否的标准，很多都靠不住；要么是符合当下时代的某种主流说法，要么是家长自己主观意识的标准。

更何况，孩子现在的所谓不优秀，不代表一二十年之后的不优秀。

孩子不优秀，为什么妈妈就会焦虑——这其实才是问题所在。

◎每一个孩子来到世间，都是来教会父母如何去爱

作为一个曾经的所谓的学霸，我当然也希望自己孩子学习好，在学校表现得出类拔萃。可我的孩子学习成绩一直很普通，我也无可奈何。但是我会很平静地接受这个现实，就像我接受自己五官不漂亮、身材不苗条、性格不乖巧等个人情况一样。我不会因为这些基因造就、很难后天改变的事情而焦虑，我更不会因此嫌弃自己。但是，我会因为自己勤奋自律、聪明好学、好品位、热爱读书，而自信和满意。

我们知道，真正的爱，是无条件的爱；任何一个父母都不应该因孩子的美丑智愚而对孩子有所偏见，也不应该期待回报而计较付出。

孩子即便不优秀，我们依旧爱他。

同时，我们会帮助孩子实现真正的自己。

◎能试错，敢试错，人生才有弹力，未来才有张力

奇奇从幼儿园到上中学之前，几乎没有持续上过课外辅导班，也没有参加过任何比赛、竞赛。但是，为了实现学霸老母亲的美好期望，我从他 2 岁就开始给他报学习班，从才艺类的小提琴、钢琴、架子鼓、吉他、合唱团、街舞、绘画、拳术、羽毛球，到智力类的国际象棋、珠心算、网络编程，能够始终如一坚持下来学成特长的，竟然一个也没有。学费交过很多，作废的也很多。

如果和大多数的家庭相比，这真是一个失败的母亲。面对这样一个“不优秀”的孩子，我当然也经历过失望和恼火，未免对他颇有微词。后来，连孩子都怀疑起了人生。就像他 13 岁在随笔《业余厨师》里可怜兮兮地写道，“我这一生，放弃的东西太多了，就好像至今，我都没有真正地做好过一件事”。

在孩子上中学之后，我们很多次像朋友一样平心静气地讨论。

——奇奇，18岁之前，是一个人学习新技能最好的阶段，很多技能错过了这个年龄再想学就很困难了，可能就永远没有机会了，很多人长大之后都会感到遗憾，只能白白羡慕他人。掌握一门艺术，对一个人来说是一笔很大很大的财富。

——那好吧，我想一想，自己现在适合学习什么，我得找到自己真心喜欢的才能坚持啊！之前学的，我都不是真心喜欢。

——是啊，对于小孩子的学习来说，兴趣当然是主要的动力；但是你现在是中学生了，一旦明白了什么是对自己终身有益的，就要理性地靠意志坚持下去，不能一不高兴就放弃了。

——嗯，我尽最大努力吧！

——另外，有些爱好呢，其实放在什么年龄都可以学会，早一点学晚一点学都没有关系，比如摄影、游泳、瑜伽等，特别是玩电子游戏。所以，要把18岁之前的时间尽量用在最宝贵的事情上。

——明白了！

现在的奇奇，学习成绩在班上一直处于中游，但是生活爱好很多，喜欢打篮球，健身，做美食。我想，孩子在不擅长的事情上能知道尽最大的努力，在喜欢的事情上能做到持之以恒，我已经足够满意了。

◎人生最大的讽刺可能是，妈妈越优秀，孩子越叛逆

我是一个特别特别努力的妈妈，努力到感动自己。

热爱读书的我，把书籍作为自己一生的好朋友，更是期待满满地希望把这个好朋友介绍给自己的孩子。我十几年里给孩子精心挑选购买的中外图书，都足够开一个儿童绘本图书馆。我还十几年如一日践行睡前故事教育法，在孩子0—12岁之间，不管工作多么繁忙劳累，我都坚持几乎每一晚给孩子读书，有很多次读书到半途都累得睡着了。

但是亲子读书读了12年，并没有熏陶出一个爱读书的孩子。更何况我爱书如命、手不释卷，在家里的很多时间也都在读书，但这依旧没有造就孩子读书的习惯。

言传、身教，可以说都失败了！

而作为“00后”的奇奇，是一个完全在手机媒体影响下长大的孩子，尤其在抖音出现后，他更是没事就刷抖音。他出口成章的网络热词，非常拿手的招牌美食，都是源自抖音。

我打趣说，奇奇同学是抖音大学毕业的。但同时，看到孩子花很多时间在抖音上，也烦心！

然而，在疫情期间，为了满足我对疫情24小时动态信息的渴求，我慢慢喜欢上了资讯性超强超快速的抖音，并且关注了很多英语号、健身号，渐渐地，花了很多时间在抖音上。

抖音这种短视频平台的信息传输能力太强大了。我面对满满一面墙的书架，第一次感叹：哎呀，是不是我崇尚读书的观念完全落伍了呀！

所以，作为家长，一味否定一味打击，并不一定符合时代的演变，很大的可能是自己跟不上社会的变化了。

所以，每一个妈妈，都应该打开自己的视野，应该成为孩子的伯乐，因为每一个孩子都是拥有天分与才华的宝藏，妈妈就要成为最能够欣赏和发现的鉴宝师。

第二章

释放你的原始自恋

弗洛伊德生前接受采访，记者问他："您一辈子都在研究人类的精神世界，您是否能告诉我们何为精神健康的人？"弗洛伊德思索了一下说："精神健康的人，总是努力地工作及爱人，只要能做到这两件事，其他的事情就没有什么困难了。"他认为只有一种人不可被分析，很难做出改变，就是那些自恋、以自我为中心，把所有心理能量回撤到自己身上，一味索取，只爱自己的人。而一个心理健康的人是能给他人与世界输出价值和爱的人。

但是自爱与爱人之间存在着完全对立的关系吗？为了达到自己的心理健康，就必须以放弃自己为代价来成全别人，这值得吗？一个没有良好自恋的人，是否能拥有真正的丰富而美妙的人际关系？或许弗洛伊德还有后半截的话没说完："一个精神健康的人，总是努力地工作及爱人，并且为自己拥有爱人和工作的能力而感到快乐和自豪。"如果缺乏后面的心理满足感，成功也是空洞充满匮乏感的。

你和你的身体：柔软是最好的答案

> 你不需要当好人，
>
> 你不需要用双膝跪行，
>
> 穿越一百里的沙漠，表示悔改。
>
> 你只需要让身体这个柔软的动物，
>
> 爱其所爱。
>
> ——玛丽·奥利弗

“对不起，今天我没控制好自己的情绪，失态了。”

“我今天怎么了，这么多年，在我记忆里都没有在别人面前流过眼泪。”

“馨禾老师，从你那里回来，我总会情不自禁地哭 ，身体像开闸的堤坝不再设防，被洪水般的眼泪冲刷着，洗涤后的身体一层层地去掉了厚重的盔甲，柔软而轻松，活着的感觉真好呀。”

“想哭就哭”“你已经做得很好了”“那就去好好享受这份情绪的涌动吧”……这些到咨询室里来的朋友，揉着有些红润的眼睛，有疑惑、不好意思，更多的是释然、喜悦……我会这么回答她们，很多时候只是把手放在她们脖子的大椎或腰椎处，待着静默一会儿，让她们深深地去感受这份久违的情感流动。

这些可爱的朋友，无论年近七旬，还是十几岁的青春年华，都有着厚厚的肩背，如铜墙铁壁般僵硬。她们或许经常需要去美容院做身体保养和按摩。颈椎、腰椎和肩颈酸痛病变，脊柱两侧的竖直肌如琴弦般紧绷，左侧肩胛骨处总会像被八爪鱼一样牢牢控制，无法放松，30岁以上的女性，还常伴随着经期前的乳腺肿痛、下腹酸胀和子宫肌瘤这些常见的妇科病。

她浑身正能量，是周围人羡慕的焦点

在一个城市里打拼，为应付现实生活中的种种状况，很多职场女性内心都住着一个女汉子。典型的女汉子，在职场中比男人都厉害：凡事追求卓越、富有野心、态度坚决、充满力量、注重效率等，魅力十足。

是的，在外人的眼里，她孝顺贤惠，是家里家外的顶梁柱。她也许是家里的大姐或小妹，她慷慨地给予家人支持，帮助他们成功。在婚姻里，她更像丈夫的“妈妈”，有时候她们会抱怨老公长不大、没事业、无责任感。

她们经常身心分离，总处于两难的矛盾当中：一方面她们从小就习惯性隐匿自己的身心需求，承担起一个家的责任，婚后只关注老公和孩子的需求；另一方面，在潜意识中会对这种自我忽略又十分怨恨不满。常见的方式包括：以道德感清白自居（自我道德绑架、正义凌然）、被动、易急躁、争强好胜，或者对孩子，特别是爱人十分苛刻，两极化对待。

而这些独立坚强的女子，当你有幸走进她们的童年，会发现她们多数都没有过真正意义上的童年。这些懂事、安静、聪明、听话的小女孩，人见人爱，从小就知道为爸爸妈妈承担繁重的家务，节衣缩食，缓解家庭困苦和人际矛盾、为所有的人着想，为家有操不完的心，她们不愿意成为任何人的负担和麻烦，自律而坚强。

打记事起的自我训练，拥有着极强的生存能力，就是她们引以为豪又暗自伤神的女汉子部分。女汉子是内在雄性有力量的部分，让人挺拔而坚韧，勇于开创拓展。而内在女性的力量，只有在敏感而真实地面对和满足自己的身心需求时，身体才会如水般柔软滋润，气息如春风化雨般温柔恬静，而练习舞蹈、散步、书画、阅读……这些活动让心沉静慢下来，去独自完成梦寐以求的旅途，不过让她们去好好享受生活真是一种需要重新学习的能力。那么多年的注意力都在自己心爱的人身上，他们好，我就好。

欲望藏匿身体深处，以疾病的方式潜伏

记得我两岁多的儿子看姐姐喝可乐而自己不被允许时，不爽，一通号哭，尽情恣意，闹得昏天暗地。哭完，好吧！你不给就算了，玩去了。想想成人在经受求不得之苦时，已不能痛快淋漓地表达，因此放不下，欲望继续发酵，被隐匿在身体深处，以疾病的方式提醒它的存在。

成年后的我们即使伤心，也习惯默默擦干眼泪怕人看见，最大限度也只能是眼泪汪汪，孩子号哭却泪珠四处迸射，因此悲而不伤。为了实现情感的净化，我们不单要让眼中有泪，鼻中流涕，嘴发出哭泣声，更是用手、脸、肩膀、膝盖，甚至身体的每一个细胞都参与其中，让整个身心都连成一体，尽情地颤抖吧，直到天崩地裂，泪水干涸为止。让哭泣为灵魂发声，成为净化身体的第一步。特蕾莎修女说："世间最闪耀的钻石，是流过泪的双眼。"黑压压的天空，经过一阵内在的狂风暴雨洗涤后，露出最为清澈纯净的湛蓝，这是心灵的色彩，如赤子般，轻盈空灵，让人神清气爽。

思维是经过省思有序的想法，而情绪是尚未意识化的想法。

情绪在身体经络中如水般穿梭，能透过想法或更强烈的信念而凝聚于身体，这就是心理学里的“情结”概念，它是有物质基础的，凝结于身体经络中，形成包块、结节、条索。因此，如果说负面情绪是水，那么负面的想法和信念就是装水的桶。要想改变一个人的想法，而不“care”她的情绪，是不可能发生的事。而有的身心疗愈课，只知道哭闹喊叫，不让她去挑战自己的想法和信念，只是情绪宣泄，而模式依旧。而从身体入手，透过增强自我觉知、身体按摩、瑜伽练习……身心合一地去改变身体、情绪和信念，成为情绪的终极解决之道。

身体有一套与头脑紧密相连的独立运作系统。因此，要想看见身体里那些不可见的情绪乱流，还生命各系统以清净与平和，需要建立一个独特的感知与思维方式。我们需要深入探索身体与心灵的关系，作为被身心困扰的繁忙都市人，需要在身心疼痛中看清真相，多维度了解致痛之源，走出无力和失控的恐惧，重燃希望。

女性作为职场中人，需要从客户提供的信息中通过身体观察，看见它们背后的真正表达。而作为孩子的妈妈，对自身过往创伤的处理与觉知整合，不但可以深化自己的存在状态，也能更稳定、有弹性、流动地与孩子相遇。改善自己的身体，让自己先变成身心愉悦的状态，人际关系自然会得到改善，对家庭的教育态度和方式也开始改变，修身、齐家、治国、平天下，改变身体也许能改变整个家族的命运，这一点不夸张。

身体的坚硬是内在的恐惧，而面对恐惧需要勇气，勇气来源于自我关爱。柔软地打开绽放冲击性的美，绽放也意味着展现脆弱，一颗小小的石子，就能让花儿香消玉殒。但如果你一直闭锁，虽然可以像石头一样毫发无损，但身体却没有机会流动生命的活力，也不会洋溢迷人的芬芳。一个爱自己的人，必然是柔软、放松而无畏的。从今天开始，你不再需要懂事，而是去懂自己，不再为自己的身心需求而感到抱歉，去用你最温柔而优雅的方式好好满足它们。

柔软是充满弹性，柔软是真正成熟

柔软是你和你的身体，最好的答案。只有当身体恢复了柔软，我们才能得到健康；心变得柔软，就能接受并传递出爱的能量。和谐家庭关系，恢复柔软的身心，你可以试试下面的练习：

1. 与孩子建立身体的连接

你是否还记得最后一次，与异性父母身体接触是什么时候？你们之间不再有举高高、亲一下、拍拍肩膀、拉拉手，随着进入青春期身体的发育，没有了身体的接触，我们渐行渐远。这由人类文明规则建立的分离把我们推向其他同龄人的怀抱。去体验另外一种更亲密的关系。女孩以月经、男孩以遗精为独立的起点，也是与异性父母分离的标记线。而身心合一流动的情感，又如何能做到抽刀断水呢。如果你的孩子还小，在这个青春期前，让分离有一个过渡期。如果他足够大，邀请你和他一起舞蹈、游泳、哪怕是散步……培养一个共同的爱好，空出共同玩耍开玩笑的时间。面对分离的不只是孩子，更是家长。在漫漫岁月里，我们依然相爱相守。

2. 睡好玩好，到大自然中去走一走

一个人无论气场多大，也恢宏不过大自然。人是自然之子，不分年龄大小，在它的怀抱里，都变得欢欣雀跃起来。我们栖息其中，所有的感官都是敞开的。大脑变得更加敏锐，思路清晰，焦虑和无助感降低，神经性疲劳会减轻。

都市人工作盯着屏幕的时间太久，会让我们产生定向注意力疲劳，定向注意力疲劳会让我们易怒、情绪控制能力下降、分心，这些都是注意力缺陷多动障碍（俗称多动症）的症状。注意力的紊乱很难让我们做到“忙时心不乱，闲时心不空”。那你需要给自己更多的自我关怀，从手机屏幕上移开，走出去散散步。在大自然里，我们更愿意自我反省，感官变得敏锐，这是源于内心的敬畏与臣服，时空知觉扩大了，幸福感也提高了。

在大自然中，花花草草、山水小桥……我们重新与所有生命相连接，有了归属感和联系感，助益于身体、情感和心智的平衡和谐。这十年里来到我咨询室的来访者，无论何种烦扰，要让自己身心最快速恢复平静舒适的方式，就是到大自然中去走走，在小区的林荫小道、河边走走或去爬爬山。

中午一刻钟的休憩，
每天半小时的散步。

这两个不花一分钱的课后作业小处方被很多人坚持下来，反响最好。静静地去看猫儿晒太阳时的慵懒，小草的叶尖凝着露珠微微颤抖，秋风路过叶子时哗哗的轻拍声，昙花一现时每一瓣洁白的花瓣轻轻向外舒展的声音……只要你静静地听，去看，与它们同在，连你，都是如此美妙的存在。

你去静静地听身体的声音，血液在皮肤底下潺潺流动，气息缓缓地游走，那个僵硬和疼痛的地方，它们下一刻，又会有怎样的变化？那个舒服美妙的地方，又是怎样的感受？下一刻呢？你去静静地看自己脑子里的念头，一个又一个，无数奔腾而过，你在紧抓住哪个不放呢？哦，你会突然发现，原来你的内在和外面一样丰富多彩。哇，你会惊讶原来世界上最远的距离是，你以为天天和自己形影不离，而你认真去看时，她是如此的遥不可及。

“现在的人，有多少能够宁静下来，去聆听宇宙的声音，鸟唱歌的声音，蝴蝶翅膀的声音，都是久违了的。” 舞者杨丽萍如是说。去吧，哪怕是刷碗，都挡不了你的热情和好奇心，去听听自来水和餐具碰撞的声响。你真的会惊讶，久违了，日常生活里的天籁之音和神的舞步。

你和你的关系：弹性是动态的和谐

神圣母亲的生活
仅存在于诱惑的镜像中
而每天要面对的
是那稀疏平凡的日常
喂奶、换尿布、晒太阳
玩耍、清洗、哄睡觉
上下班、面对各路陌生人……
在这一连串的琐事中
撬开一小段空隙
舒展腰，喘口气
就像假装自己的心
流浪到世界的某个角落
假装有某个别人

每天给自己写一首情诗

——馨禾

人的心理结构像一座大房子，里面的主人叫作“自我”，每一个身份角色都发挥着它独有的功能。就像大房子里区隔出的一个个小房间，比如在厨房里做饭，在餐厅里吃饭，在卧室里睡觉，在客厅里娱乐，在房屋的外面是社交和工作，发生着自己与他人的物质需求交换和情感连接。你看，每种身份和相应的行为都被明确的空间和时间区隔得很清晰。不同的空间，有不同的结构氛围和装饰摆设。

从一出生，你就陷入关系

从一出生，你首先是父母的孩子，随着社会化自我的扩展，我们拥有着越来越多的身份：老师的学生，上司的下属和下属的上司，朋友和闺密，创业者，专业人员，瑜伽爱好者，志愿者，伴侣的亲密爱人……还有孩子的父母。

你能回想自己的童年是什么时候结束的吗？大多数人无忧无虑的童年止于 12 岁左右面临的小升初时期，从懵懂未知到第一次真实体验升学压力和亲密伙伴的毕业分离，以成绩高低区分学校的社会规则意识和人际因时空转移不可避免的疏离深植脑海。

童年结束之前我们的身份单一，且不需要承担太多的责任，身心相对安逸放松。一旦进入社会，工作中团队的影响力让我们多了紧张感，再然后当你拥有了亲密关系，就需要内心有更大的弹性，另一个人的状态、情绪或者行为都会时不时影响你。单身时来去自由心无挂碍，两个人在一起，大到价值观，追求事业欲望的高低，小到吃饭口味、空调冷暖、睡觉时间这些生活习惯的协调，就像习惯了自己居住的房间里，无形中多了好些墙和门，有了孩子以后，随着保姆或者父母的进驻，工作角色的变化，这些墙和门更是重重阻隔，每一种角色切换，穿越游弋其中，都需要你耗费极大的体能和心力，身份切换越多越频繁，消耗的能量就急速倍增。

在这世间，形形色色的身份中，无可替代的身份，就是你的第一身份，那就意味着你要付出最多的体力、心力和毅力去经营的角色。这辈子无可替代的身份只有两个，一个是成为父母的孩子，另一个是成为孩子的父母，谁来成为我们的父母和孩子，其实我们是不能选择的。这种限制带来的不确定感令人倍感焦虑，不过这也是生命最让人敬畏的地方，它留给人无数想象和创造的空间。

如果说成为父母的孩子，在显化我们接受爱的能力，那么成为孩子的父母，就是在锤炼我们付出爱的能力。生养孩子作为人类生命的延续，千百年来悄无声息地进行着。温尼科特这位研究和观察 6 万对母婴关系互动的伟大英国儿童分析家，在他的《婴儿和母亲》这本电台的演讲集里说："对于告诉人们该如何做母亲，我毫无兴趣，因为我都不知道该从何说起。但是我倒很愿意和母亲们谈谈她们做得非常不错的事情，她们出色是因为她们对此全情投入，无论是照料一个婴儿还是双胞胎。这种事情既寻常又不寻常，寻常之处是这事天天发生；而不寻常之处在于孩子不得不一开始就由一位'业余选手'来照料。"

相信每一个你，从女婴、女孩、女人到成为母亲的历程，都编织着属于你的独特幻想。我记得上高中时，喜欢和一个闺密放学后沐浴在傍晚余晖中，爬上高高的墙头，沉默地看着街上的人来人往，下班的人群里，行色匆匆的中年女人提着肉、蛋、鱼、蔬菜，面色灰蒙目光疲倦地直奔回家做饭，一拨拨地走过，心怦然像被门碾压了一下，我俩不约而同地说："我宁可死，以后也不要变成她们其中的一员，太可怕了。"

而可怕的是，20 年过去，几经努力挣扎，我也不可避免地成为她们其中之一。幡然发现每天让家庭生活正常地运转起来，做 60 分的妈妈也很不容易。

像许多家庭一样，在老二 3 岁、老大 10 岁前我作为普通母亲的一天是怎么过的呢？从凌晨悦耳的闹铃震荡开始，努力挣脱温暖被窝的绑架，丧尸般洗漱，用力再次睁开双眼，原地跳两下，再到老大房间里把她拍醒。好吧，这一天终于不可避免地开启了，厨房里叮叮当当一阵子把早餐弄好，又去叫一次老大，原来人家刚才洗漱完又回被窝继续睡了。这分秒必争的早餐，校车更是不等人，恨不能把她从床上拖下来。她吃早餐的工夫，麻利地准备中午给她加餐的水果食品，好不容易把她推出门。老二又醒了，一顿屎尿屁地忙活，吃喝完毕，又该到上午三个小时的户外活动时间了。

陪一两岁的孩子出去玩，让你身心俱疲。带着这年龄的孩童就像牵着一只被关了好些日子的狗，急哄哄往外拱，不对，还没狗链，到处撒野折腾，你得防止他伤人伤己，一直得保持全神贯注的状态。一个没孩子的闺密劝我说："你要改变带孩子的态度，孩子用最好的时光来陪你玩耍，你就想象着自己陪着蜗牛去散步，多么幸福的时光呀。"

是呢，宣传片里的画面不都是撩人（骗人）生小孩的吗？一天跟他爸和爷爷带着老二逛公园，我悠哉游哉地逗鸟看树，日子一划就是初冬，满地金黄的落叶，多美好的时光。他爸在那喊："轮到你看孩子了，真是受不了，一个小滑板车他以为是飞船呀，哪都敢去，不行，我心脏受不了了。"

哦，对的，有人看护，你只是陪着，确实画面超美好。而如果你是全身心看护的人，就心惊胆战了。孩子可不是蜗牛，是只长了豹子胆上蹿下跳的猴，一不留神，就各种磕碰起包。

噢，这带孩子，你还有机会成为强壮的大力水手。你买菜推车，他会走路后不愿坐，让你抱着，这样的画面你经常在路上看见，一个妈妈一手推着挂着蔬菜水果的婴儿车，一手抱着胖娃娃，如果楼层没电梯，你得把他们都提溜上楼。

而如果你一人带孩子，做饭吃饭需要抱抱还不算，上厕所也在旁边闹着要抱抱，时间长了你的肠胃功能该紊乱了，你会说："那多好，就当减肥了。"呃，这胖瘦也是因人而异的，这上下的通道总被打扰，直接导致的是植物神经功能紊乱，估计会吃得更多。再说，孩子一天三餐的辅食你精心准备，他就吃那么几口，毫无疑问都进了你的肚子。

要问我，婴儿最美是什么时候，肯定是他酣睡时。哇，你感觉整个世界一下子天清地宁，在这下午时分，你终于可以舒口气，那个被孩子挤走的自我重新归位，我终于可以只是我自己了。可你抬眼一看，乱糟糟的客厅和尚待收拾的厨房，刚归位的自我秒变田螺大妈，噼里啪啦地开始擦地洗碗清扫整理。哦，慢着，不能浪费这点时间，我还可以听课听书学习一下，边干活边把知识点和感悟记录在便签上，等你来了灵感打开电脑书写一番，那边就已经号开了，一步爬下床蹿到你大腿上要抱抱，这精神的愉悦感就像被调戏了半天，刚进入状态，却被打断了高潮，你只好思想便秘着，又开始新的一轮吃喝屎尿屁，陪他玩耍陪他疯，一抬眼，太阳就下山了。

把锅碗瓢盆放地上让他玩，我开始准备晚餐，如果他爸和姐姐在还好，我可以专心做饭，幸运的话还能边做饭边听书，别小看这些鸡零狗碎的时间，荣格、弗洛伊德全集这一年就听完了。

晚饭是一天里家人聚齐的时光，各自分享所见所闻，其乐融融中又一阵鸡飞狗跳，要耐心倾听老大在学校里遭遇的喜怒哀乐，许多时候这一大一小需要左右兼顾着。而小的把饭菜拨弄得满身满地都是，只好先一通收拾完，你恨不能灌一瓶酒，让他昏睡过去，要不让我昏睡过去。

督促老大写作业，这事呀，说来都是泪，命要紧心脏支架安不起，尽力而为，各自珍重吧。晚上的时光他爸在家有人分担，心安宁多了。趁孩子们睡着时，你捋捋堵塞的思路或看会儿书。可很多时候，这一天你累得手脚都不是自己的，陪孩子睡觉那会儿，你也睡过去了。夜里迷糊醒来，哎呀，还要写个案报告，那个个案还需要捋捋思路，明天抽个时间跟同行约个案例督导。哦，对了，好像我的情结被触碰到了，找导师做个成长……往外一看，天微亮，眯一会儿，然后再重复昨天。

幸运如我，还能去上半周的班，尚能从流水般的家庭主妇生活中抽离出来一会儿，即便孩子如钻石般闪耀，这头三年一天24小时挂着，也不堪其累。这平静的日常，如水中悠游的天鹅，在看不见的水下拼命地划，才不至于被突来的潮水卷走。那个努力奋斗20年才能和别人在星巴克晒太阳喝咖啡的中年，我也如他，费尽洪荒之力，才能成为这普通的60分妈妈中的一员。

我们渴望付出，更渴望补偿

来到我咨询室里做夫妻治疗的女性，有三分之一都集中在孩子上幼儿园之前，繁忙的育儿忽略了夫妻关系的经营，保姆和父母进驻导致的家庭空间入侵，成为母亲后新身份与工作家庭重心的转化，身份多元叠加，每一次切换，就像电脑多程序的启动，负荷运转，拖慢了系统。甚至如木马病毒再运行般早期创伤经历被激活，大大增加了孕产四年间的身心健康风险，烦躁、无力和无能感。

一位4岁女孩的妈妈，她全职在家一个人带孩子，爱人在上海上班，夫妻两地分居，父母年老无力支援。有3年的时间总是重复两个梦境：把女儿肥嘟嘟的小手放进微波炉里，关上门，看着烘烤，在炉火即将工作的瞬间，急得大汗淋漓地醒来；或是站在阳台上和女儿玩耍，突然不自控地想把孩子推下楼。回到日常，她抱着女儿小心翼翼地远离微波炉和阳台，怕自己的梦变成现实。从精神动力学来说，亲子关系中，交织着复杂的爱恨情仇，丰沛母爱的后面，同样有着深不见底的恨。

这份深藏不露的嫉妒，源于婴孩时期，在出生一个月后就被断母乳送到托儿所，因为母亲需要回到全职工作中。而如今成为母亲的她，基于过往的痛苦也出于对孩子深深的爱，在自己的能力范围之内多陪伴孩子，宛如多一份爱补偿过往孩童的自我。而另一方面当孩子哭闹有需求未被满足时，又会激活她当年作为婴儿深切的渴望，多希望在自己无助无力的时候有人爱她宠她。这些早年被动延迟的情绪，和如今一个人孤身奋战的疲惫感叠加在一起，剥夺着她作为母亲的力量。

这份敌意被启动，孩子的到来，瞪着无辜的明眸，一把扯掉桌布，使她以往生活的各种兴趣爱好、小情调、小理想都无情地破碎一地，人生还没开始，就消亡在一片狼藉的屎尿屁中。她甚至无法腾出一个空间来好好睡觉、吃饭、上洗手间独自发呆一会儿。她被孩子满满地占据了，这对于人格尚未稳定的她，自我发育不良的部分更是脆弱、受苦。这些未被觉察的恨呈现在梦里，蠢蠢欲动，备受煎熬。

从小处入手，学会滋养自己

那么，如何成为 60 分的妈妈，做 100 分的自己，在各种身份中更好地切换状态，处理亲密关系、亲子关系，让我们在这些关系中身心自在、彼此滋养，同时又能兼顾自己的真实需要，收获满满呢？

这里总结了几个简单可行的方法，希望能为大家助力：

第一，处理被激活的创伤，提高容错率。我们如何知道自己的创伤被激活了呢？陷入创伤中我们很难就事论事，大脑的工作区域从认知动物变成了情绪动物，身心俱疲，难以自我调节。

就像那位总做同样噩梦的妈妈一样，去看见那难以启齿的恨和未被满足的需要，是多么的重要，在没有外援时，降低环境要求和自我期待，好好休息比干净的屋子更重要，心情轻松的母亲比科学的养育更重要。能完整地看见人际间的爱恨情仇，你会及时调整，小小地满足自己，给予奖励，变得从容一些，付出更有节制和放松。那个噩梦不再，欲望被看见，冲动就会消失。

第二，给自己创造自己的居心所，就是独立不被打扰的空间和时间。在搬进新家时，每人都认领一个房间，属于自己的独立空间，我霸占了楼上一间，空无一物做冥想处，在里面坐了一会儿，哪个角落都不能让我自在。后来一想，孩子太小，每刻和我都是共生体，身虽远离，而心趋之。还不如接受现状，在卧室的一角，辟一静心处，时时能照顾到彼此。

闺密萍姐，多年的资深全职主妇，先出来创业经营瑜伽馆，家里家外，十全能手。一次，我问她是怎么做到的，如此滋心润肺，风生水起。

她说："你看着轻松，其实无论是家庭还是事业，凡自在喜悦处，都需用心经营，精心调养。更要留出空间，给自己充电静心。每每家人熟睡时，我都喜欢一个人在客厅的沙发待一会儿，卸下一日辛劳和明日心中挂碍，去享受只属于自己的特定时刻。"

产后，时间被孩子切成碎片，整个生活工作作息都要与他兼容，独处的时间和空间更是弥足珍贵。这个小小的角落，就成了心灵的庙宇。睡前醒后，或在任何一时刻，听一曲音乐、练一段瑜伽、看几页书，整理工作思路，哪怕只是静坐几分钟，脑袋空空地待着。

这个小小的角落，就仿佛被充了电，在每个我有需要的时刻，静静地等候着、召唤着。难怪人们会在特别的地方建立庙宇、教堂和寺院，那里被创造出特别的氛围，你在忙碌中，有停顿和反思、静心的空间。

第三，是添加仪式感，滋养你的女性魅力。有一段时间我爱上色彩鲜艳的尖头小细跟鞋，衣装打理完毕，洒上香水，穿上高跟鞋，啪的一声合上门去上班，仿佛把一屋子的烟火气息留在房间里，面对着外面的世界，那种稳稳的驾驭感，很享受这种控制自如的愉悦感，小细跟鞋也最能代表女性的原始自恋，成为妈妈并不意味着切断女性独特的风韵和魅力。

你需要谈恋爱，孩子不是夫妻爱情的刽子手，他更应该是感情磨砺历久弥新的催化剂。家政员陈姐在上海南京工作过，来到天津，她关注到一个现象说："很奇怪，天津人自从有了孩子以后，姥姥来帮忙，为了更好地照顾孩子，老公就被赶出书房或沙发。长年累月这样的家庭夫妻关系都不太理想。"是的，成为父亲情感的满溢是由很多小细节支撑的。传统模式心疼老公却无意中把男人排除在养育之外，少了相濡以沫的凝聚力和共同分享孩子点滴成长的乐趣，两人不知不觉中渐行渐远。而有孩子的恋爱，俩人在夜里换尿布喂奶粉、在辅导孩子功课、在逗弄嬉笑中相遇。

我们的爱情还需要不被孩子所淹没，在孩子酣睡后的烛光低语，在一周中抽出两个小时一起看场电影，早晨出门的拥抱和叮咛、纪念日的小礼物……细细碎碎地点缀着婚姻生活，让仪式感成就快乐的你，成为平淡无奇的情感经营小能手。

在家庭之外，你还需要闺密团的鼎力支持。孩子出生之后，很多人尽管做足了各方面准备，还是觉得自己被困住了，工作生活养儿育女，在一天24小时里环环相扣，日复一日。哪个都舍不得错过，你需要不时地抽出时间来和解语花般的闺密相聚，咖啡馆、图书馆、展馆，或者我会邀请她们来家里，一起动手做羹，调香插花，饮酒打趣，逗娃闲聊，从弗洛伊德、荣格到艾扬格，从个人专业品牌管理到衣食住行的美学分享，林林总总，有说不完的话题，有心心相印的沉默，有困境中孤独的共鸣……作为一名心理咨询师，专业之外有生活，同事之外有朋友，事事处处皆学问，分分秒秒在感受。

你所拥有的，也拥有着你。自我在身份的各个房间里游走，别忘了，兼顾他人需要的同时，要牢记你的需要是什么，如何更好地满足自己。因为无论房间有多少，你才是这座房子的主人，你和你的关系，保持弹性才能处于动态的和谐中。

活出生命的高峰体验：心流时刻

经年累月，复制他人

我试图了解我自己

内心深处

我不知何去何从

无法看到，只听得我的名字被唤起

就这样，我走到了外面

今天，像其他的日子一样

我们在空虚中醒来

兀自惊惶

别这样去推开书房的门扉

进入阅读

先取下一件乐器

让我们热爱的美成为我们的所为
这是我们跪下来
亲吻大地的成百种方式

选择一个不为自己记分的人
一个既不想变得更富有
也不惧怕失败
一个甚而对于自己的个性也没有
丝毫兴趣的人：他是自由的

——鲁米

美国的人本主义心理学家马斯洛发现自我实现者常会提到一种特殊的生命体验，“感受到一种发自心灵深处的战栗、欣快、满足、超然的情绪体验”，由此获得的人性解放，心灵自由，就像一束光，照亮了他们的一生。这种体验虽然时间短暂，但深刻无比，马斯洛称之为“高峰体验”。

人人渴望的迷人体验

这些迷人的风景只是有成就的人士所特有的吗？他们是如何

捕获它的呢？马斯洛并没有指出一条可实现的道途。随后的积极心理学家契克森·米哈赖，通过调查研究10万名各阶层的人士发现，大多数的被调查者说：他们也能感受到，当这种美妙的体验发生时，就像“一股洪流带领着我”。

一位舞者在描述自己精彩的演出时表示：“当注意力完全集中，心中没有杂念，什么也不想，只是专心做一件事情，全部活力畅流无阻，你会觉得轻松、自在和精力旺盛。”

一位陪伴女儿玩耍的妈妈说：“她很喜欢读书，所以我们经常一块儿阅读，她读给我听，我读给她听，在这期间，我觉得脱离了世界，完全沉浸在彼此紧密的互动中。”

一位棋手谈到决赛情形说：“集中注意力就像呼吸，你连想都不想，即使屋顶塌下来，只要没有被击中，你就不会觉察。”

……

契克森把这种毫不费力的心灵上的“最优体验”，命名为“心流 Flow”。它还是个可操作性的概念，也可以这么说：高峰体验就是更高级别的心流体验。进入心流模式有四个要点：

· 做让自己感觉到满足的事

· 设计具体可行有挑战的目标且在过程中能即时反馈
· 多跟自己比较
· 少做自我评判

处在心流模式的人，我从心理学的角度总结一下大概有三个明显的特征：强烈的融合感与己合，与他人合，与世界万物合。

表演中的舞者和自己的身体融为一体；玩耍中的母女仿佛变成了一个人；棋手与自然万物融合，感觉呼吸都快消失了，沉浸在手头的工作，失去了对其他事物的感知。这也就能解释为什么有些人会专心致志地做一件没有很大回报的事情，比如烧制一个陶瓷，编织一件手工艺品，虽然他没有名气，也卖不了多少钱，但他依然乐在其中。

常年坚持一件事情，我们很难靠顽强的意志力也就是自律来持续，除非做这件事本身就带给你极大的奖赏。练习瑜伽和静坐在旁人看起来是一件很无聊的事，在我和张一老师的瑜伽心理学全国工作坊中，经常听到学员有类似的分享：

“一身正气”不止是一种品格，更是一个人身体深层从内而外透出来的气韵，是一种身体的体验。人气血充盈，骨骼顺位，百脉俱通，整个身心不偏不倚不卑不亢不忧不惧，头擎蓝天，

脚踏黄泉，巍峨不动又游刃有余，光明磊落地行走于天地之间。

每一寸皮肤被一股柔和的气笼罩着，没有缺口和空洞。就像三月树儿长出的嫩芽，挺拔向上新鲜蒸腾。每一寸骨缝也被柔柔的气托着，特别是脊柱，每一块椎骨如珍珠般灵活而有序地排列。缝隙中，气游走其中，所有瘀堵、条索、结节，如春风拂过般冰消雪融。

当一个意念或者想法进入你的身体，如湖水投石般震颤打开。眼睛如新生般炯炯有神、知觉敏锐、平和从容。

各种情绪欲望升起，你不再惧怕，你唯一不害怕的就是“害怕”本身。作为存在的存在，如万物般，不生不灭。

迷人的境界，和自己谈恋爱

契克森·米哈赖研究，惊讶于东方人独特身心合一的禅修练习，不依赖任何人，就能长期地浸泡在心流体验里。因为专注在身体上，让头脑从纷繁复杂的念头中，从过去与未来中解脱出来，仅仅这一点就已经让人身心轻盈放松了。随着有序练习的深入，当你进入更深的宁静里，你能体验到思维的消失，一种超越情绪的空无和充实感。在平日里喜、怒、忧、哀、惊、恐、悲，这些情绪就像变幻莫测的天气，一会儿打雷下雨、风啸冰咆，一会儿艳阳高照万里晴空，一会儿雾气霭霭遮天蔽日。你认为心情的天空就像你感受到的样子，而突然有一个白天，你第一次坐着飞机穿越这些云层，在这之上，才是无比辽阔的天空，原来你把天气变幻当成了天空，被它充满着、振荡着。而此刻你终于有机会知道，天空只是天气呈现的舞台，也就是说情绪是你的一部分，而你不是情绪。当你生气的时候，那个气是你的，而你不是那个气，无论风云变幻，在你情绪的后面，还有一个不变的、能容纳你一切的更加广袤的天空存在呢。

这是一条迷人的路，仿佛是在心无旁骛地和自己谈恋爱。这也是你看到的许多人，到中年开始做禅修、喝茶、学习芭蕾舞、弹古琴、练习书法……这些安静的、需要投入精力不断精进的项目，无须你成为专业玩家，也能让人体验到强烈的完整感和连接感。

其中的奥秘是正念，就是打开你所有的感官通道，专注于当下所做的事情。从家务活开始，你可以把它称为“家务冥想”，从简单的洗碗中把自己带入心流模式，在洗碗时专注于碗的花纹，流水、洗洁精的丰富泡沫包裹触碰手的皮肤时的温度和触感，你还能清晰地分辨碗壁上残留的饭菜和洗洁精的芬芳。随着流水的洗涤锅碗瓢盆在你的手中慢慢闪闪发光，在这个过程中可能你的脑袋里还会有各种念头，也许是小时候父母的催促声，“洗快点，小心点别摔坏了”。放过它们，你已经长大了，只是让自己全神贯注地浸泡在行动的感受中。碗洗好了，擦洗桌台、清扫地面，逐渐地扩展到整个家，找到你身体疲累的临界点，停下来。

从 2014 年开始，我练习瑜伽，当初是为了治愈膝盖受伤和伏案工作导致的颈椎疼痛，慢慢过渡到保持身材，更重要的是在练习中，是独处了解自己身心的优秀打开方式。人的肌肉是外显的心脏，更是青春的发动机，随着年龄增长带来的肌肉流失，自体力量训练是最接近时间旅行的练习。

从轻柔的拜月式进入拜日序列，让身体的细胞一点点地被唤醒，随着呼吸给身体加温，投入猛烈的腹肌律动和静止的十分钟“plank”，看着自己的腹肌一点点被撕裂，全身颤抖，汗水打湿了衣服。进入那个抖动和它融为一体，感受身体的节奏。放松休息，反复进行这样的力竭训练，看着肌肉一次次地经历小死亡，跟随着那个抖动，这痛一遍遍地来临，感觉好极了。

如果只把它当成一次运动，真是浪费了造物主的一片美意。从今天开始，你可以尝试把运动当成进入心流模式的训练，把你的觉察和关注投入每一个动作和呼吸的间隙里。这不再单纯是为了获取美丽的肌肉线条和持久的耐力，去感受你的身体从最初冰冻的固体，随着呼吸的加温化成柔软温暖的水，去迎接所有的感觉，把自己全部都打开，投入进去，幻化成汽，充满整个空间，直至宇宙的尽头。

是的，把冥想的觉知带入健身运动中，还可以迁移到日常生活的吃喝拉撒睡、行走坐卧里，特别是情绪起伏时。即便是身心的一次次疼痛，都有意识地去觉知，像看天边的云朵，起起伏伏，聚了又散，在痛中平静地去感受那份快感，去积蓄能量。

而真的到了生命尽头那时，愿我们能向死神张开双臂，欢欣雀跃地说："欧耶，我来了，唱着歌，跳着舞，踏着十里春风，来了！不管你是否准备好，反正我现在已经到了。"身心合一、天人合一的感觉所带来的生命的终极高峰体验，就这么一直来，一直来！

这是与己合、与天地万物合的一种方式，融合感还来自与重要他人深深的连接感。这是一种心理边界的融合。每个人都希望成为他人眼中的重要他人，我在你眼里，看到了我的存在。宛如生命之初母亲充满爱意的凝视，在无边无际黑暗的舞台，她的目光追寻着你，如探照灯一般照亮着你，你存在这天地之间，人终其一生都在追寻这道他人的目光。

心理咨询师的共情训练里有一个小技巧就是这样，对方坐在你面前，仿佛世界已然消失，一束光打在她的身上，你的眼中只有对面的这个人，这份全情投入的承诺和关怀，会深深地打动着彼此。

融合的极致，重新找回母婴关系

在《心流》这本书中，作者谈到进入心流模式的重要原则，其中有一条是即时反馈。作者调查好多外科医生是否愿意转到内科和精神科，90%的医生都投反对票，大部分的理由是因为外科手术的目标可视化和即时反馈所带来的精准控制感会产生身心快感。而作为心理工作者，人的精神康复你很难预设目标，更不容易获得即时反馈。但是并不妨碍我们从中获得心流体验。

这种心流体验就是我们上面所描述的连接所带来的融合感。对我和我的同事而言，或许这世间，没有一份工作像心理咨询师一样，在生命的全程绽放能量。也没有哪个角色能像心理咨询师一样，从灵魂的深处温暖他人，它一点点地穿透你，让痛苦加倍，喜悦也随之翻倍，慢慢地活出越来越真实的自己。你变得更敏感于日常衣食住行、吃喝拉撒睡，这些平凡的美妙，跟随喜悦去赞叹每个生命成长的全然绽放，每个人都是老天赐予的最美礼物，如此独一无二。是的，生命本身就是最珍贵的馈赠。

融合的极致境界是母婴关系，《少有人走的路》作者提醒到，“我们大部分的人从出生，一辈子的努力都是重回子宫的旅程”，重返母婴世界的另一种方式就是按摩。夫妻关系的不和谐，除了阅历见识带来的三观不合、过往创伤导致的心理保护、养育孩子的压力疲惫……在这些发生之前，性是关系的显化剂。哪怕是融洽的夫妻，就像单调的工作所带来的职业耗竭感一样，到了中年也易于对彼此产生审美疲劳，提不起兴致。很多女性需要每周定期去美容院做按摩放松，而男人的这种肌肤亲近的放松项目却很少。

生命的第一次深层爱抚，源自产道，随着有节奏的宫缩挤压，有着音乐般自然的韵律。可许多的孩子却因为母亲内在的恐惧直接剖腹从子宫里被拽出来，就如沉睡的人被突然拉开窗帘，被野蛮地震醒，这样的小孩也就需要更多长情地抚触，从惊吓中放松下来。皮肤是身体最大的性器官，要保持光洁有弹性，不但需要营养均衡、运动自律，更需要精神的滋养，拥抱和爱抚是最自然的本能。带着爱去轻抚身体的每一寸肌肤，我们每一个人都有这样皮肤饥渴的需求，连经常被拥抱抚摩的猫儿狗儿身体都更加健壮，毛发闪亮。

恋爱初期和孩子诞生的前几年，我们都忍不住拥抱亲吻和爱抚，爱一个人到了极致，会爱不释手。深、沉、轻、柔的按摩，无论是孩子还是爱人，这种连接让你有存在感，被融化，被珍视，从而让人身心放松，神态柔美。

按摩是一种天然带着身心疗愈的爱抚，你疲惫的身心在一个特定的时空中得到妥帖的安顿和滋养。如果你对按摩上瘾，不要觉得不好意思，这说明你比大部分人都关爱自己。

每一种瘾里，都在默默地倾诉着尚待发现的需求，你有多久没被抚摩了？带着爱！抽出时间和你的爱人一起来一次专注的按摩。调情也好，前戏也罢，它都是你身心最好的滋养品。

处于心流模式的第二种特征，是体验到在可控中的不可控感。有挑战性的工作，困难潜伏其中，能让你集中精力全力以赴，又不至于把你压垮。努力成为 60 分的妈妈，在孩子 7 岁之前要耗费极大的心力和体力。而成为全职妈妈最长的时效也是 7 年，最晚就到孩子上小学二年级，因为孩子的注意力会从妈妈和家庭转移到同伴关系和老师身上，这是人心灵世界不断向外拓展的渴求，妈妈将会成为孩子生命的背景而存在着。作为妈妈也需要从社会中汲取能量，淬炼能力，亲子间才能保持持久的良性成长力量。自我实现是高峰体验的源泉，而工作的可度量化为自我价值感和满足感提供了心流体验有利的条件。

那么，工作对女人来说意味着什么呢？带来金钱是最直接的显现，不仅如此，它还给你带来生活、人脉，带来与这个世界相连接的美妙感受。如果你很喜欢又擅长自己的工作，那更不得了，它为你带来快乐、自信、爱与对自己人生的掌控感。它就像一个奇迹，引领你出发，每一天都在走向你想要成为的自己，从这个意义上来说工作是通向自由的管道。

这个世界的女人拥有工作的权力还不到100年，这自由却是一份使人恐慌的礼物，那意味着你要肩负起自己的命运，你终于不再幻想把命运托付给别人，而是学习真正地相信自己，做自己想做的事，成为自己想成为的人。

米歇尔·奥巴马的新书《成为》里，有一个克服自我设限、活出高峰体验，成为60分妈妈、100分自己的榜样级的典范。大女儿3岁刚上幼儿园，二女儿刚出生3个月，原先的保姆又因更高的薪水而辞职，奥巴马当时竞选参议员，还是大学的高级讲师，忙于工作，经常无法回家照顾两个孩子，就像每一位母乳妈妈一样，夜间经常起夜，在孩子出生后的头几个月严重缺觉，头脑不清醒，在努力保持身心与家庭的有序平衡中，却节节败退。独自支撑的无助、情绪的压抑、心身的耗竭会让她忘却迎接新生儿的喜悦。在这时，她接到朋友推荐的一份新医院的管理工作。一边是繁重的家庭重担，一边是能发挥自己所长的新职位，内心充满了渴望与逃避、冒险与胆怯、放弃与坚持的双向冲突。家庭与工作如何兼顾，这是每个现代母亲在生命特定阶段所面临的挑战，双向的挤压让她甚至都忘了自己是谁，在做什么和为什么要做，只是机械地被他人推着向前走。

如何从这种撕裂的心境中走出来，米歇尔选择能发挥自己能力和足够激情的新工作，她抱着3个月大的孩子参加面试，从容不迫地展现自己的工作能力，并且说服对方给予自己弹性的时间。在这场讨论中她把孩子放在桌面上，“这就是我的现状，这是我，我还带着我的宝宝”。一个人能大声地说出自己的需求且有意愿、有能力去承担结果，这本身就是有力量的。

在你遭遇多方压力的夹击时，你的意识暂时混乱昏沉，只有心灵那一丝隐约光亮，仍在坚持和闪耀着。你甚至会有一瞬的迷茫，不知道你接下来要做什么。这时，你跟着内在的渴望行动，就像为自己和同样困境的他人杀出一条血路，不再试图掩盖棘手的生活状态，你向世界真实地展现自己，无所畏惧。

走出面试的办公室，米歇尔就知道自己能得到这份工作，结果确实如此。新保姆的到来和母亲的鼎力支持。她说得到这份有竞争力的薪水，能让她更好地抚养孩子和家务支出，也能在空闲时间更专注地陪伴女儿玩耍。

当你突破这一切时，你的内心充满着充沛的活力和美妙无比的欣喜，思想饱满而充实，更持久的影响是克服困难所获得的经验，在以后很长的日子里，你对自我的态度和对世界的感觉已经完全不同。就像米歇尔一样，人不是生来就伟大，而是经过历练，你不断地成长。每当遇到困难的时候，回忆那不平凡的一刻，你的内心依然会荡漾出坚毅、活力和创造力，成为你自爱、自信、自由、自强不息的精神源泉，这就是高峰体验。

第三种心流体验的特征是悲悯。如果说第一种和合体验，是由内而外自发的扩展；第二种是面对不断的挑战所浇灌的茁壮自我，它就像攀登珠穆朗玛峰，是由下而上独立强大自我的构建；那么悲悯就是由上而下的兼容，是经历世事之后的豁达，是对复杂人性深处幽微的洞察。活在心流体验里，洋溢着淡淡的喜悦，一份自在的，而你去观察一些功成名就的大师或隐者，哪怕只是他们的照片，除了淡淡的喜悦，你也能读到另一份相对立的感觉，就是一抹淡淡的忧伤。我想悲悯来自对自己与他人人性中的黑暗和光明面的探索，年轻时看张爱玲，被她的乖张幽暗凌厉所逼视，不忍目视。而等你经历一些人和事，才发现她对笔下的人物充满了悲悯，要理解这一点，除了自身体验还需要耗费我们极大的心力。

作为一名心理咨询师，如果你没有对即将进入你咨询室的来访者感到一丝恐惧，那一定是有什么地方错了，因为这将意味着你知道将要呈现些什么。而如果你知道，那相遇的意义在哪里呢？

如果你曾经深爱过一个人，你的身心能深刻感受到这份体验。如果没有，那一定是有什么地方错了，因为这将意味着你知道，你们关系的下一刻会呈现些什么。而如果你知道，那相爱的意义又在哪里呢？

一个对这个世界有着深沉爱恋的人，他必然是悲悯的，是对人性黑暗的容纳，对光明的期许，这就是我们与自己、他人和世界相遇的意义所在。我们预留着未来进入的空间，那是悲观者的积极主义，星辰大海、高屋建瓴，又能脚踏实地、风雨兼程。

活出生命的高光时刻：温柔而坚定

这样的感觉向我袭来
在我所见的一切中隐藏着奇迹
在我眼中
天空无云　阳光闪耀
如果这是梦　我不会惊奇
我想要这世界变成的一切
正在为我而特别成为现实

——卡朋特乐队《世界之巅》

21 世纪，被称为“她世纪”。她世纪，是女性的自我意识全面觉醒的时代，是女性张扬力量让全世界刮目相看的时代。

2019 年的热映好评大片《狮子王》，与 20 世纪的动画片初版相比，20 年之间，体现出完全不一样的女权意识。动画版《狮子王》，聚焦的是英雄之路的成长励志，生为王者的勇气磨砺；电影版《狮子王》，演绎的是独立女性的睿智成熟，王的女人之自信坚定。

走出大多数，成为极少数

电影《狮子王》一剧中，有一个非常抢眼的女主，狮子王青梅竹马的精神伴侣，她的名字叫作娜拉。

这位娜拉，机敏、睿智、坚定、强大，性格定位上塑造了令人耳目一新、立体全面的“新女性”形象；在男主与女主的对手戏中，也处处碾压对方，完全颠覆了传统故事中男强女弱的剧情结构。

这位娜拉，完全可以作为新女性成长路径的一个绝佳范本。为一百年剧作家易卜生提出的命题“娜拉出走之后”该怎么办，也提供了一个极为精彩的答案。

这位娜拉，戏份不多，但是太抢镜了！

情节一：辛巴带着娜拉冒险闯进大象墓地，却被娜拉预判到危险并多次冷静劝退。

幼年的小辛巴，心高气傲，争强好胜，自不量力，带着满满的虚荣心，傲娇地领着小女朋友到处炫富——普天之下都是我的疆土；结果，刚刚走进危机四伏的大象墓地，就被机敏警觉的娜拉感知到即将到来的危险。

因为，任何一种勇敢和大胆，都需要的一个必要前提是智慧，勇与智必须二者兼备。辛巴式的有勇无谋，势必处处闯祸，最终导致其父亲木法沙的送命。

可以说，娜拉小小年纪，就具备了机敏的感知力和睿智的判断力，像经验丰富的战士一样沉着冷静，像科学家一样善于洞察环境的外在和潜在联系——这些都是传统女性角色中非常罕见的特质。

情节二：娜拉从小到大，都能以漂亮的勾拳爆击男主，在专业技能上毫不示弱。

女儿当自强，不是一句空话，女性独立首先是经济独立，必须落实到生存能力层面，才能不依附他人也能生活下去。加强自己的专业能力，拓展自己的专业素养，培训自己的专业技能，在经济方面具备创造财富的坚实基础。

因为对于狮子来说，直击、进攻、腾挪、扑倒等战斗能力就是在大草原上实现猎捕和生存的必备技能。就像现在的职场女性，明确的目标管理、清晰的时间管理、高效的事务处理、细腻的沟通能力和良好的人际关系等，都是在适者生存的职场中获得好成绩的必备技能。要相信在这些方面，女性没有理由不如男性，甚至完全可以比男性有更优秀的表现。

情节三：面对狮子群的臣服和沉默，唯有娜拉奋起反抗勇敢出走，敢于走出大多数，成为孤独的极少数。

木法沙被谋害，伤疤一手遮天胡作非为，群狮无首，民生涂炭，面对强权和残暴，以王后沙拉碧为代表的狮群选择了默默忍受。和沙拉碧这样委曲求全的传统女性不同，娜拉没有随波逐流，没有选择忍耐承受、一味服从的传统美德导向，而是绝地反击，鼓动狮群反抗不公。

鼓动无果之后，娜拉依旧没有屈服，没有放弃，她只身一人逃出强权统治，孤独地走向流浪，走向寻找希望，哪怕这希望极其渺茫。

她知道，在没有希望的时候，要学会创造希望；

她知道，虽千万人，吾往矣；

她知道，坚守自己的信念，永不妥协，永不放弃。

娜拉走向的是探索，是向着不可知的未来前进，永远有着坚定的信念。这，才是真正的“做自己”。

情节四：娜拉冒着生命危险去寻找救援，面对辛巴的退缩，她温柔而且坚定，不断地鼓励辛巴。

充满欣赏的眼光，温暖的拥抱，给予鼓励和赞美——娜拉在辛巴犹豫不前的时候，给予对方的不是否定、批评，而是接纳、唤醒和指引。

理想的女性能量，体现为高水平的情绪管理，不仅能管理好自己，也能掌控对方。不是一味地任性要强，而是温柔且坚定，一方面有原则有主张，以理服人；另一方面尊重对方，善于鼓励，激发对方的价值感，帮助对方调整情绪，找到生命的热情和梦想。

这样的新女性，不但是游戏和娱乐中的玩伴，可以在宝马车里笑，也能在自行车后面开心，而且更是人生成长的高度指引，是患难与共的心灵依靠。这才是真正的灵魂伴侣。

你会看到剧中的娜拉，不拘泥于做配角，在影片结尾的部分，娜拉和辛巴并肩走向了象征王位的山巅。这样的娜拉，全程保持了智商在线、信念在线，温柔值满满，勇气值爆表！

“温柔而坚定”，其实是尼尔森教育名著《正面管教》一书的精髓，强调教育中充分赏识和适度规劝的高度结合。其实，无论是面对人生伴侣，还是针对孩子管教，新女性都要学会以刚柔并济、自信坚定的方式，和对方一起活出生命的价值。

活出高光，活出人生的最高级

1943 年，美国心理学家马斯洛提出了人的需求层次理论，成为闻名世界的人本主义科学理论。他将人类需求像阶梯一样从低到高按层次分为五种，分别是：生理需求、安全需求、社交需求、尊重需求和自我实现需求。而自我实现的需求是人类最高层次的需求。

自我实现，是指实现个人理想、抱负，发挥个人的能力到最大限度，达到自我实现境界的人，接受自己也接受他人，解决问题能力增强，自觉性提高，善于独立处事，要求不受打扰地独处，完成与自己的能力相称的一切事情的需要。也就是说，人必须干称职的工作，这样才会使他们感到最大的快乐。

无论何种方式何种途径，如果一个人通过努力得到外界的广为认可，这种价值实现的意义，远远大过物质上的名与利，而是精神上的超级满足。马斯洛认为，为满足自我实现需要所采取的途径是因人而异的，自我实现的需要是努力激发自己的潜力，使自己越来越成为自己所期望的人物。这种满足了自我期望和外界认可的时刻，就是高光（Highlight）时刻。

当你为一件事历经磨难、煎熬，不断经受挑战，突破极限全力拼搏时，你便有可能感受到巅峰时刻。有很多的名人、伟人，他们为了实现自我价值而被世界熟知。在他们登上冠军的领奖台，或者获得名校的录取通知书时，站在万众瞩目的聚光灯下，这种置身世界之巅的感觉，无人能够阻挡，感受来自所有人的支持和赞赏，你会感到绝对的自信，绝对的满足。

那种感觉犹如站在高山之巅，虽然短暂，却尤其深刻，心理学家把它叫作“高峰体验”，也就是英文中的高光时刻。

每个人的身上都有着某种巨大的潜力，都有可能达到自我实现的瞬间。这一瞬间可以来自爱情、来自事业、来自艺术创作、来自与大自然的交融……

我们知道，“高光”一词，来自绘画。当我们希望充分表达人像或物体的立体效果时，必须强化其最突出的部位，如面部的颧骨、鼻尖、额头，或者水果表面的最高点或者棱角。在我们着手素描或者油画的时候，如果高光部位处理不充分，整个描画的对象就是模糊不清，形象特质不够鲜明。只有在高光部位处理得完善恰当，整个形象才会显得生动、突出、有深度，给人印象深刻。

其实每个人也是在用我们宝贵的生命作画，有些人画就了辉煌的、宏大的图景，成为对世界有贡献、留下烙印的名人、伟人，这些人的生命图像就显现了充分的高光。有些人的自画像就相对灰暗，碎片化，活成了人群中的大多数，也错失了人生的高光。

拥有高光时刻，拥有自信内核

很多人喜欢问这样一个问题："一个人如何才能自信起来？"

很多人说，自信来自内心的充实，而不是外在的认可。但是强大的内心不是靠心灵鸡汤就能塑造的，只是单纯地自我暗示，是很难自信的。只有通过不断的努力和付出，他的人生改变了，他的经验链条被打断了，他才会突然发现，世界从此不同了：我做了以前一样的事情，但是得到的回馈不一样。

这样的正面回馈越多，他就会越来越自信，而一般的负面评价，渐渐就不会再影响到他了。

所以说，自信一定得建立在一定程度的外界认可上，如果一个人得不到外界的认可，那么这个人真的很难自信起来，所以想要自信起来，那么就需要得到很多外界的认可。比如在两性关系中，我们可以清晰地看到，那些从小就经常被追求、常常获得别人喜欢的男生或者女生，他们很自信，很从容，很善于表达自己的喜欢、想法，甚至会撒娇，假装生气，等等。其实这些行为，人人都会，只是很多人不敢去表达。因为他们从来就没有表达的机会，也基本上没有表达过，毕竟他们可能从来都没有被喜欢过，没有成功的经验，没有得到正面的回馈又怎么能自信起来呢？

至少，在童年，如果获得父母那种无条件的爱和鼓励越多，成人之后才会更自信。关键的问题是，我们的人生完全不可逆转，对于目前绝大多数的这一代父母，无论是“60后”“70后”“80后”，在童年能够经历这种饱满的父爱和母爱的人，少之又少。那么，我们还有一次脱胎换骨重获自信的机会，那就是想办法创造属于自己的高光时刻。

想要解决自己内心的不自信和在情感方面的自卑，最简单的方式就是得到很多人的喜欢。比如：外在形象，社会地位，贡献价值，人格魅力……

当一个人具备这些，他能接收到这个世界的很多善意；从丑到美，从胖到瘦，从平庸到优秀，从平淡到精彩，坚持做好一件事，最终会让人获得认同和欣赏，也会让自己变得自信起来。

时间一长，得到的正面回馈多了，人生就真的会发生逆转，这就是我们常常说的“逆袭”。

第三章

女性的四个成长阶梯

女人、男人、母亲、父亲，他们不仅是一个生物属性，家庭角色，更是一种精神结构，这些身份不是“自然”获得的，而是像“学历深造”一样，你需要不断地学习、不断地认同、不断地努力，才能成为一个真正的女人、男人、母亲和父亲。可以说，“成为女人或男人”“为人父母”，都代表着一个独特的心理发展阶段，就像青春期，经历一个个节点，面对很多的危机和挑战。

作为女性，如果你曾经有过深度的感情经验，肯定能隐约感受到自己的身体里住着女婴、女孩、女人和女神（母亲）。这四个不同的自己，女婴渴求亲密无间的依恋、女孩追寻神魂颠倒的爱恋、女人自有风情万种的独立，而成为母亲的你把各个阶段的自我都拥入怀中，锋芒、内敛、宽厚、仁慈。这四个不同的你在亲子亲密关系的互动中一路披荆斩棘，不断失去的同时，也不断地获得。

女婴阶段：回到丰盛的源头，创造安全与舒适感

花开了，就像睡醒了似的。鸟飞了，就像鸟上天了似的。

虫子叫了，就像虫子在说话似的，一切都活了。

都有无限的本领，要做什么，就做什么。

要怎么样，就怎么样。

都是自由的，

倭瓜愿意爬上架就爬上架，愿意爬上房就爬上房。

黄瓜愿意开一个黄花，就开一个黄花，

愿意结一个黄瓜，就结一个黄瓜，

若都不愿意，就是一个黄瓜也不结，

一朵花也不开，亦没有人管。

蝴蝶随意地飞，一会儿从墙头飞来一对花蝴蝶，一会儿又从墙上飞走一只白蝴蝶。

它们是谁家来的，又飞到谁家去？

太阳也不知道。

——萧红《呼兰河传》

身体自我的诞生——信任与安全感自测：

1. 是否总觉得自己孤立无援，与孩子、爱人、父母的关系不是过于粘连，就是太疏离。

2. 大多数时间喜欢独处，或是很难独处，需要有人陪着，总觉得有鬼，即使成年也害怕自己一个人睡觉。

3. 从身体层面，很难感受到生理需求的信号：比如一有压力就饮食紊乱，明明不饿，但停不下来，或是滴水不沾。常常不知道自己的身体有多僵紧和疲累。

4. 皮肤和肠胃不好，一有压力就容易皮肤过敏和腹泻、便秘。

5. 特别渴望别人的抚摸和拥抱，要不就是害怕他人的靠近和触碰。

6. 很害怕被人抛弃，因为怕分离，常过分讨好他人。

7. 面对他人的建议和说辞不是照单全收，就是全然屏蔽拒绝。

8. 常常觉得自己没有能力和资格拥有一段长久的亲子和亲密关系，关系越是亲近，就越是慌张，会提前结束关系。

9. 对孩子充满担忧，一有风吹草动就忧虑重重。

10. 与孩子形影不离，不放心任何人带孩子。

以上的测试，你被击中几个呢？别着急，先听我讲一个故事。

她是一个5岁孩子的妈妈，夫妻两地分居9年，因又陷入一段婚外情而痛苦不已来做咨询。

地下恋情总有一个甜蜜的开始，她说："当一个人确信自己被另一个人爱着，即使他不在身边，也感觉自己全身都在散发柔光，无论做什么都充满活力；而两个人在一起时，即使什么也不做，只是静静地看着对方，便连呼吸的空气也是甜的。"

然后呢，越交往越害怕失去这份美好，且还想要更多，占有欲就越强，索取越多，由爱生恨，由恨生怖。周末他加班，就费尽心思让他来陪自己；晚上他在家陪老婆孩子，一想到那画面就醋意大发，频频发信息，若不及时回，她就删微信。她要分分秒秒占据他的所有，且以此作为爱她的证明。而他应接不暇，也和丈夫一样躲避不及，男人都是这样的德行，上了床就热情消退，无话不谈的关系说没就没。

相同模式的婚外情一遍遍上演着，从最初的甜腻变为苦涩，她又恨又闹、失眠、冲动，活脱脱把自己折磨成了一个疯子，没有半点平日的高冷矜持，痛不欲生后，隔一段时间又受虐般地故技重演。

婴儿的心智模式是非黑即白、吞噬占有的一元式精神结构

在情感上，幸福没有标准，痛苦才有。幸福各有不同，而痛苦却足够相似。弗洛伊德把孩子出生后一年半，称为“口欲期”，口欲期的特点是“libido”生命能集中在嘴巴周围，孩子遇到什么都往自己嘴巴里塞，通过不断地刺激和唤醒嘴巴、食道、肚子一系列的神经系统来拓展和探索世界。从而形成了一种从涣散到内聚的一元的精神结构，把周围的一切吞噬掉、占为己有，一种唯我独尊，以自我为中心的婴幼儿心理特点。

这也是一种无意识的固着的思维惯性，本质就是一种索取占有的心态，对情感的渴求，像无依的藤蔓找到了直立的树或墙，欲望不断滋长，不停地向男人索取，要更多的爱，更多的时间，更多的关心陪伴，或者要钱，要晋升，要职称。一旦得不到满

足，就开始怀疑、抓狂、心理失衡，甚至抑郁。稍不如意，更严重的，还想报复，想毁灭一切。

这多像一个索求无度的脆弱婴儿，把自己的喜怒哀乐交给一个男人来操控。以这样的心灵层次介入婚外情，无论男女，基本都没好下场：轻的，伤心伤身；严重的，因此而抑郁；更惨的，家庭分崩离析，名誉扫地，事业毁灭，失去一切。

早年亲子关系的中断，会影响成年后的情爱模式和成为妈妈后的母爱品质

自媒体的情感文章里说女人有恋父情结，找男人就是按照自己父亲的模板来寻找。其实恋父在足够的恋母之后才会发生。生命来自母亲，对母亲有着天然的依恋，没有和母亲建立安全依恋的女孩，长大之后爱恋的更多的是男人身上超级母性的部分，用“暖男”宽厚无私的爱来补偿填满最初的母爱缺失。武志红老师把这种精神结构称为“巨婴”，不断索取的背后是空虚、空洞的感觉，其实是早年缺乏重要他人的陪伴和爱。

上面案例中的女主来自重男轻女的家庭，住在大城市边缘的村庄。近年来，随着生活水平日益提升，他们一家并不为钱发愁。而小时候的她，因为家里穷怕被计划生育罚款，出生没多久便被送到姥姥家，姥姥有孙子，加上年纪大了，照顾她力不从

心，幸好她从小就乖巧懂事，又聪明伶俐。

“那你的孩子怎么办呢？”她说当自己陷入感情旋涡时，别说照顾孩子，就是上班都很难打起精神，心心念念全都在对方身上。恨自己没出息，可就像着了魔一样，无法自拔。好在小孩有姥姥，能够得到很好的照顾。

也奇怪，我妈妈的母爱对我一直都是冰冻的，在我有了小孩之后才融化喷发。不过我也恨她这点，以前为什么不对我好一些。孩子特别黏姥姥，跟我不太亲。有时候，我竟然还会嫉妒自己的孩子。既然孩子有她的照顾，我就自己找乐趣吧，很多人都说我不像有小孩的人。

一个人爱不爱你，其实对方是能感受到的。如果你对孩子没有兴趣、没有爱，你去拥抱他，他的感觉是复杂的，他感受不到爱，会害怕。嫉妒就是隐秘的“杀气”，由谁来决定的，是由身体决定的。她的身体里，还住着一个匮乏的小孩，比她的孩子更加孩子气。当她看到自己的孩子得到更多的母爱时，她忍不住妒忌，又羞耻不安。就像一听到男友在外面陪前女友吃饭，就怒火中烧，非要把他抢过来陪自己一样。

一个人的内在孩子状态，在成为父母后，无意中又给自己的孩子创造了同样的依恋模式，她从小被迫与母亲分离，当她成为母亲，也有意无意地创造这种亲子中断的关系，这就是代际创伤的传递。我们总无意地被过往创伤碎片所干扰，这个个案从与男性的情感纠葛，透过觉察映照到母女、母子关系之间的爱恨情仇，遗留下来的怨恨伤痛和一些没有解决的冲突。

成为 60 分的妈妈，100 分的自己，对每一个时代的妈妈来说，都是一件不容易的事情。成为更好的自己只是为了自己吗？婚姻会传承血脉和精神，你的模样很大程度上会定义成子女的模样。而生命最底层的依恋质量，宛如一座蓄水池，爱与陪伴就像里面的水，创伤就像裂痕，它会不断地流失能量，为了防止崩塌，让自己在原有狭小的范围里，开启低耗能模式。过早地体验分离，会让孩子觉得自己也全部被带走了，当外在没有一个稳定持续在场的客体所投注时，就只能自己投注给自己，形成能量封闭的循环，产生空洞、无意义感，以及自己活不下去的感觉。

当一个人心里有漏洞，在人际关系中歇斯底里地控制，是她极力要弥补裂痕的努力。她只看到她想要的，其他无论多少的爱都被她关在心门之外，只有痛苦的自我折磨到了极致，人会被迫睁开双眼去发现，就像湖中的鱼儿 ，明明生活在水里，却每一刻都在找水解渴。

婴儿期是身体自我诞生，第一年的照顾不周易患身体疾病

受创伤的人总是卡在或者说陷落在过去。不仅是人的心智，

身体也卡在过去。因为人的身体会有被淹没的感觉，希望尽力去保持和控制。人的反应很可能是我不想谈论它，也不想去思考它，我想让生活继续向前。通过回避一些事，就会让自己的生活变得狭窄，稍有风吹草动，躯体会感到异常警觉紧张，你想要做一些事让自己不那么疯狂。一遍遍删除对方的微信，来预防自己的怒火不会立刻摧毁对方和自己；离自己的母亲和孩子远一点，何尝不是保护他们和自己的另一种方式呢。这样主动的中断，就会让她暂时感到安全，不会触发更大的伤害。

越是早期的伤害，对人的冲击和影响力越大

精神分析把人类与生俱来的不安全感分成三类：存在恐惧、死亡恐惧和黑暗恐惧。弗洛伊德认为出生是成年后焦虑的核心，他的学生奥托·兰克写过一本书《出生创伤》，阐述出生所触发的巨大恐惧和对回归子宫生活幻想的双重焦虑。

我们可以想象一下，一个婴儿在营养充足恒温的母体里，整整十个月，如果没有大的干扰，几乎处于心满意足无所事事悠游漂浮的状态里。而随着分娩的到来，一切将会改变，随着子宫的收缩，它的大脑袋会下坠，落入母亲的盆腔，被挤压到阴道狭小的空间里，不断地被压缩，处在一种缺氧的状态，就像我们把头埋在水盆里练习憋气一样难受。

在子宫里，胎儿的眼皮能透过母亲的肚皮，感受到隐约粉红色的光，而在阴道里，要忍受阵阵挤压和缺氧，还要快速地适应突如其来的黑暗，仿佛经过狭窄幽暗的隧道。当分娩出体外剪断脐带的瞬间，肺泡里还没有空气，如果他没有哭，医生会非常着急，把他倒过来，清理口鼻中充满的大量黏液。

佛教把这个过程称为“胎狱”，经历着最原始的恐怖挑战，这些体验让我们一辈子都会无意识地避开狭小幽闭黑暗窒息的空间，我们需要一双温暖有力量的手，把我们从生死存亡的巨大恐惧中拯救出来。这也就是为什么对于 5 岁以下的孩子来说，把关禁闭作为最残忍的惩罚，因为它会激活原点的濒死恐惧。

英国的儿童精神分析家克莱茵把人类的内在冲突追溯到一岁以前，她把孩子一岁前对母亲的霸道总裁式的依恋比作“外挂的子宫”来无情地使用，因为被巨大的存在恐惧裹挟着，母亲无微不至的照料让她活在全能自恋的上帝式幻想中，她需要充分地体会这份呵护，由此拥有足够的安全感来发展出向外的兴趣，经由主要的身体照料而发展出独立的自我功能，从子宫中与母亲融为一体的体验中分化出来，这就是生命之初，身体在我们的精神世界中诞生出来的关键时期。德国的身心学家威廉·莱西，提出过“身体盔甲”的概念，他指出我们在成长过程中有很多无法表达的情感会通过身体表达出来。肠道是我们的第二个大脑，一岁以前婴儿的肠道环境还非常单一脆弱，大便还不成形，婴儿一天中身体大部分的精力都在处理摄入和分解吸收，去适应与原来相异的食物，对外需要处理自恋受损所引起的心理威胁。躯体化的常见表达信号就是腹泻、皮疹和身体的莫名疼痛，她用这些症状来武装自己，以此对抗内在的冲突和无法向外表达的爱恨情绪。

婴儿期是人际信任感建构的关键时期

在孕后期和产后一年，母亲会从周遭的关系中，把更多的注意力和热情内撤到对孩子的身心成长无微不至的关注上，这叫“原初母爱灌注”。克莱茵的母婴关系实践证明，婴儿在一岁前持续地分离体验，会觉得客体爱的基本消失，很难建构强大稳定的自我。这一时期母亲的原始母爱灌注，孩子天生的全能感会想把妈妈吞下去成为自己的一部分，我会像妈妈一样强大，因此认同先于投注，妈妈人格的健康程度直接影响后代的健康程度，而非教育手段。

足够好的妈妈，出于对婴儿需求的敏感关切，能实现原初母爱的关注，满足婴儿期孩子所需要的全能自恋感，婴儿在妈妈的眼中看到自己，这种镜映关系，会让孩子产生资格感和价值感，这种感觉的满足能帮助孩子接受生命中可能的挫折和分离。

胎儿在34周左右开始具有“惊吓反射”，在受到惊吓时，四肢和脖子同时向外伸张，此反射在出生三个月后消失，“惊吓反射”是传统医学上用来测试新生儿中枢神经是否正常的重要指标。

若是胎儿常常受到惊吓长期处于不安的警戒状态，会有什么情况产生呢？惊吓反射能启动下枕骨肌肉群，好的疗愈师从抚摸病人的下枕骨处就能知道他对生存是否有安全感。孩子出生之后的一年，颈椎柔软却支撑着大大的脑袋，大人抱小婴儿，都会用手稳稳托住后脑勺和颈椎以保证安全。

如果下枕骨附近的肌腱不是太紧就是太松，神经发展也不会很正常。即使是成年人，当遇到突如其来的惊吓和困境，犹如失去托住自己的那双稳稳支撑的大手，迅速启动身心应激反应。如果长时间得不到梳理放松，心力交瘁便会导致心情躁郁，产生失眠、胃痛、便秘等躯体化问题。

在压力大时，这些惊吓反应会以梦的方式呈现，来释放过度的恐惧能量。有时会经常做同样的梦境，一脚踩空掉进深渊；或者发现自己掉进一个黑洞，无论如何努力也爬不上来，但又触不到底，卡在半空的恐惧。那一双最初稳稳托举的手，便是母亲无微不至的爱和照顾。

我的产后故事：三生三世母婴缘，透过孩子，疗愈自己

从小我妈工作特别忙，又有弟弟妹妹需要照顾，我更多的时间是跟着奶奶。在我生老二后的两年，是我和她 35 年里，加起来待得最长的时间。在月子里，她每天给我熬草药擦洗身体、炖汤、按摩……我瞬间变成了婴儿，听她聊起我儿时的各种趣事，还有时不时忍不住地撒娇、耍赖、闹小别扭。

最严重的一次气得她半宿睡不着，委屈得哭着要回家，我抱着她的腿号啕大哭，大半夜的五层楼都在震动：“反正就是不许你走，我错了又如何，也是你的孩子，一直缠着你。”我躺在她怀里软软的，闹完了又哈哈大笑。她也破涕为笑说：“你个神经病，从小就把我折腾得七荤八素，我到底欠了你什么，这辈子来当你妈。”谁知道呢，这孽缘，再续费三生三世。不过从那以后，我们俩的关系渐入佳境，一起带孩子聊天做饭逛街。

孩子两岁，她要回老家给已过世三年的爸爸做回归祠堂的添福仪式，然后就不回天津了。家里还有弟弟的俩孩子，也是她一手带大，弟媳妇要去上班，她需要回去帮忙。我从理性上能理解她，也非常感谢她为我做的一切。可那四个月，我就像一个被抛弃的孤零零的小孩，总在家里游荡找食物，一个月内我迅速胖了 10 斤（我整个孕产期体重管理都很好），身体发沉懈怠、精神萎

靡不振，我还以为是爱人拍电影，我需要全力照顾家庭和工作，体力与睡眠透支的缘故，这辈子从来没那么累过。

在一次静坐冥想中，我看到了自己是多么需要妈妈，在对她深深的依恋里，我舍不得她离开，而把她强留在这里，又怕她左右为难。当她说："你现在那么好，妈妈回家很放心。"我就难过得想哭。然后我把自己弄得很不好，想以此把她拴在身边。我身体开始变差，我讨厌自己这样，可又无法自拔。那天我看到了这些情景，温热的泪水从里到外慢慢地融化了一层层冰碴，身体变得温暖而柔软，我体验到了深深的信任，给彼此自由。

那天晚上做了一个梦，一个浑身发光的婴儿走出紫色的长长隧道，然后无数个婴儿陆续追随而去，跃入无限。在那一刻，我体验到了自己的濒死感，灵魂腾空而出，双腿犹如没入沼泽地，冰冷泥泞，一个胎儿从温热的子宫降临人间，想必也是这样的恐惧，而这何尝不是一次重生呢。在精神上，我重新把自己分娩了一遍，剪断了脐带，放下期待，到更大的空间里，去见天地，知人事，与万事万物连接，犹如妈妈给我的爱，我成了宇宙中的胎儿，由无数的脐带连接，滋养其中。

所谓的产后气虚，是一种隐喻，那些莫名的慌乱、沮丧和抑郁，来源于内在执念，把"我"活小，压缩了空间，又无法内外沟通，我之气必然会小于自然之气，气不够了，心变得空虚，而情绪却拥堵了。情绪过不去，理智出不来，而当一个人的内在自我不断地整合过往经验，自然能像科学家一般，带着蓬勃的好奇心去探索和发现自己的情感、认知、信念、行为之间的关系转换。好奇心是需要能量支持的，只有先修复过往的伤痕，我们才能立得住，去发现这段奇妙的旅程。因此在养育孩子的过程中，既是一个创伤的呈现表达，同时也是一个创伤的治愈和自我养育的过程。

而当情绪流动起来，清晰而有序，与大自然之气融为一体，必然充实饱满，生机盎然。而内在的执念来自过往激烈的情绪体验的固着，产后与宝宝的连接，重新激活身心过往的母婴记忆，变成了婴孩重新与自己的母亲连接，当被自己婴儿期的情绪体验所淹没，就会产后抑郁。烦恼即菩提，以心灵为线索，以身体为地图，重回探索生命之源，再一次引流生命之爱，这何尝不是一份厚礼呢。

成为 100 分的自己：回到丰盛的源头，拥抱婴孩时的自己，创造安全感和舒适感

一个孩子在被孕育着，一个母亲也在同时诞生。生命的种子播种下去，小孩在子宫里慢慢成长。母亲的心灵也如牡蛎般，正在一层层地包住一粒沙子，使它成为一颗名为“耐心”的母性

珍珠。

怀孕与诞生，同时连接着生与死，身心如地震般巨变，母亲的嗅觉、味觉等五感变得敏锐而警觉，翻天覆地的孕吐和孕激素的影响，情绪风云变幻，不被黑夜带走，而是去深入它，去了解它，她需要耐心、宁静和等待，她知道，她正在为重大的事情而时刻准备。

这火焰般的淬炼，让她安宁于寂静的黑夜，安住在大地的怀抱，如她腹中的胎儿，而整个宇宙就成为子宫，对生命的信任与臣服油然而生。某些时刻雾霾笼罩着整个大地，她非常信任天空，等着风儿来临。她看着，树木赤条条地挺立在寒冬里，是那么的美，它们在等待春风拂过，又翠绿满身。在这个等待的时机，是对存在中生命力永恒的信任，每一刻都值得随喜赞叹。

我并不相信“原生家庭宿命论”，但每一个人的生命起点，就是原生家庭带给我们的影响。我们回看过去，是为了更好地传承和改进。去发展它，首先要接受“这就是我的起点”，而非否认它，事实上不管你要不要、接受不接受，它已经存在了。你有机会去选择和改变，但是你没有机会不接受，因此原生家庭是无从摆脱的，也不必去摆脱。生而为人，我们要成为自己，从无意识的命运中找到自己的感觉，走好后面的路，无从摆脱的，却可以改变。

那些无法达成的，我们也在受限着，去做和以往不同的事情，从个人和父母的局限中，发展出自己和父母没有的能力和感觉。

没有人经历完美的童年，也无须拥有完美的童年，但是我们需要知道什么是健康而完整的成长。我们内心真正渴望的是什么？在成长中我们又缺少了什么？从而帮助自己更好地反思与整理，此外，我们也能保住自己，给予现在的自己以最合适的呵护，并向爱护着我们的人来表达自己的需要，试试下面的三种映照和拥抱自己的方式：

方式一：往事盘点，全面了解你的家庭系统

花一点时间来自由联想，凭自己第一感觉来书写下面的问题，也可以跟值得你信赖的朋友、家人来交流。我们都会根据自己的主观感受来建构记忆，或许你会发现同一件事情，你们的记忆重点不同，理解的角度也不一样，带着好奇心去探索发现。你还可以邀请家人给自己讲故事，来更加深入地了解和完整你的成长史。

其他人有没有告诉你，在你胎儿期曾经发生过的什么事情？

当你回到胎儿期在妈妈肚子里时，你最深的感受是什么？

你出生时，家里发生了什么事情？

你如何评价0—3岁婴孩期的自己？你是由谁带大的？

如果有一幅画面它是怎样的？

是什么阻碍了你？你还缺失什么？

你的爸妈来自怎样的家庭？

你的父亲如何评价婴孩期的你？

你的母亲如何评价婴孩期的你？

你最亲的人如何评价婴孩期的你？

方式二：回看家庭影集，看童年期自己的照片

微精神分析有一个“观看照片”技术，就是回看自己的过往照片，细细观察照片中过往的自己，当时你有什么样的表情？你和谁在一起？发生怎样的故事？你的眼神流露出怎样的心情？静静地体会你此刻的心情和感受，你可以跟那时候的自己说说话，也可以写一封信。

如果没有照片，你可以观察自己或是别人家的孩子，她是如何向他人表达自己的需要，你能根据她的行为举止来了解她心中的情感吗？他人又是如何回应她的，这一切给到你的感受又是什么？你又因此作出怎样的选择？

方式三：花精 / 精油静心按摩

情绪是精神的皮肤，抚触和拥抱是所有情感建立的载体，抚摸透过皮肤带来的情感高潮是神经系统发展的基础，如果被剥夺，人格就缺少温暖的气息，她的世界变得冷漠不安，成人的她不知道如何与人相处，甚至当她被拥抱，或是拥抱别人时，她觉得很难受。因为身体的接触会唤起她对这个世界的不安感。妈妈的抚触会让婴儿感到愉悦，如果成年期的你，非常渴望拥抱与抚摸，那说明你在婴孩期没有得到足够的照顾和抚触。

花精 / 精油静心按摩，比普通的按摩更加细腻静谧，透过疗愈师如母亲般慈爱的抚触，身体的每一寸肌肤，一丝一毫，仿佛有了光，在静默中缓慢地被点燃，被全然地看见。从头开始，头皮微微地震颤着，不断绵长地深入，每一块颅骨之间有了缝隙，一瓣一瓣，如莲花绽放，从头顶顺着脊柱，一直开放到尾椎。蔓延到心房时，所有的筋膜瞬间打开，喜悦弥漫，你仿佛在梦中长长地舒了一口气。身体变得柔若无骨，越来越小，消融在一片静谧柔和的白光中。

你可以找静心按摩师，也可以在身心疲惫的时候留出空间，放一段音乐，把自己想象成最慈爱的母亲来照顾自己，把你喜欢的精油倒入掌心，非常轻柔地抚触按摩四肢，就像照顾你的孩子一样。

请你记住爱自己最直接有效的方式，是对自己身体的照顾。身体是当下，是门，是那条路，让人从头脑的紧绷中解脱出来。透过身体的抚触，同时也激活了我们的“精神皮肤”，让生命回到原点，谁进行了体验，谁的身心就可以暂时摆脱外在的强制，摆脱随波逐流，摆脱约束与羁绊。

女孩阶段：做自己的父母，活出母性能量和父性能量

我从来都不清楚，
做女孩是什么滋味，
我需要另一个生命、
另一个影像来提醒我。
这是我最大的罪过；
你无法医治，
也无法减轻我的不安。
有了你，才能找到我自己。

——安妮·塞克斯顿《双重影像》

心理自我的诞生：独立自我的测试

1. 在人际关系中经常和稀泥，怕与他人正面冲突，只好用抱怨的方式提要求。

2. 拒绝他人时容易被内疚感所淹没，因此很难说不。

3. 常和比自己地位高、年长的人产生冲突，却又不敢离开他们。

4. 很难真正体验当下，不知道自己需要什么，又为此羞愧不已。

5. 爱操心，很难做到随心，比如很难当着一群人唱歌、跳舞、画画、演讲。

6. 在取得成功后，不知道如何享受喜悦，甚至难以相信自己的成就。

7. 会怕新尝试，即使确认无危险，也要等别人试过了才敢试。

8. 不自觉地把自己置于两难的境地，纠结痛苦。

9. 自我的情绪和行为过度控制，对于孩子和爱人，不是过于控制就是撒手不管。

以上的测试，你又被击中几个呢？依然别着急，先听我讲一个故事。

“有个漂亮的妈妈，你会有什么样的压力？”

谁都说你的妈妈比你好看，悲催的是，你还不随她，这是青春期如影随形的阴影，我原来也深陷其中。不过这样的开头，一般不是征询你的答案，而是自问自答。她深吸一口气，戏谑又哀怨地摸着腰间的赘肉，继续说：“这是老天的不公，是耻辱，就像这身肥肉，就是我的笑话。”

旁边一直矜持的母亲，有点局促不安地搓着手：“你这不是刚生完孩子，还没恢复吗？而且工作忙压力大，不容易减下来的。”

“行了，从我上初中来月经开始，你就各种安慰，会变得好看的，但是从来没有，我认命还不行吗？”愤怒的话语扔出来，她长舒一口气，把自己窝在沙发里，像泄了气的皮球般疲惫不堪。

火药味在咨询室上空弥漫，留下铅球一般重，长长的沉默。

在这种时刻，咨询师要耐得住炮火，用冲突来解决冲突，不逃不跑不僵化，需要静候时机。冲突往往和爱相伴而行，协助她们把冲突摆在台面上，把隐藏的问题说出来，彼此看见，就已经是巨大的进步。

“昨晚和我妈看电视剧，剧中一位女演员已经44岁了，仍扮演少女，很违和很尴尬。前段时间其实我还在公众号上看过她的采访，她说自己拍这部剧时，每天沉浸在‘开始变老了怎么办’这件事里，真的不开心，每天愁眉苦脸挂念着这件事，拍出来的镜头又被人说胖和有皱纹。早上起来坐在沙发上就开始哭，阳光再好也会哭，可能她一时无法直面人会衰老这件事。”“我觉得她够矫情的，当时孩子小，我都顾不上身材什么的。我身高172cm，165 斤，孩子 8 个月大，从坐月子到现在一斤都没掉。我妈还在旁边试旗袍，反反复复问我，哪个好看。那一刻我又气愤又悲痛，觉得自己这辈子完了，什么少女感，别说像我妈一样美一辈子，我从来没有美过，更没有少女过，我的少女时代都是胖胖的灰头土脸的呆傻。”

她说着说着又忍不住哭起来：“我觉得女明星矫情，其实我是嫉妒，我也嫉妒我妈，现在我当了妈妈，以后我都不知道如何教育女儿，是像我妈妈一样遇到了自己的王子，被宠爱美美地过一辈子，还是像我一样用尽全力追求独立自主的生活，但是自从生完孩子，我觉得自己也突然变得很不独立，特别是因为孩子重新跟我爸妈待得时间长了，自己在他们面前又像小孩似的，各种坏情绪地无理取闹。我老公还吐槽，威风凛凛的女汉子生了一场蛮横任性的公主病，比我女儿大不了多少。”她挺直背又塌回去，满怀歉意地看着妈妈。

“她非要拽着我来，对一个外人说自己的心里话，前几次我不习惯。但现在熟悉了，就都说说吧。我遇到她爸，被宠了一辈子。家庭看起来幸福美满对女人来说是幸运，但何尝不是种束缚呢。生完你以后我一直做家庭主妇，你爸工作那么忙，还有两边生病的老人，我只好选择留下来。我看着你到国外求学，回来风风火火地做事业，也总百般叮咛别累着，其实我多羡慕。你可以按照自己的意愿来安排生活。我们这一代人，就像《渴望》里的女主角，你看国内的影视剧，几乎所有涉及‘母亲’的角色，都苦情得可怕。似乎当了妈，不把自己的血肉都压榨出来，就不够‘母爱’似的。无论多忙，挤出时间保养，抵御让自己成为大妈，就是在维护自己的体面，我也想做跟别人不一样的妈妈，成为让你骄傲的妈妈。”她含着泪，极力不让自己失态，依然优雅。

“我不仅嫉妒我妈妈的美，还嫉妒我女儿，她对我女儿充满了耐心，而我小的时候，每天各种花样催促，告诫我把时间花在有用的事情上，弄得我几乎没有好好地玩过，现在也不知怎么玩。上学只知道埋头苦学，上班后就是围着KPI转，突破一个个目标，像我爸一样地拼命工作，很有成就感。但有了孩子以后突然觉得没有意义了。我爸躲在烟酒里，而我能躲到哪儿？我从小就讨厌她唠叨，而现在我对自己女儿何尝不是如此，周末好不容易歇一天，她把玩具食物弄得一地，我就火冒三丈唠叨个没完，她那么小，我随口而出管孩子的方式，和我妈以前对我没两样。”她重重地叹了一口气。

在认同妈妈和爸爸的过程中，成为妈妈和职业女性之间，她仿佛活在一种错位感中，从来找不到自我。她躲到哪儿了呢，躲到了食物里，身材呈现着她压力的失控。而当姥姥要比做母亲更容易些，因为之间隔着一代，没有母女间难解难分的共生绞杀的关系，期待被稀释，也就没有随之而来的焦虑、担忧和害怕。太近的关系就是这样，一旦太爱，就容易去摧毁彼此。

“公主病”和“大叔控”是对男性力量的嫉妒与认同

一个能量充盈的孩子在蹒跚学步，她离开妈妈的怀抱，兴致勃勃地一遍遍尝试行走，如果房屋没有围墙，她能远走天涯海角。并不是说她不再需要母亲，而是在这时候，随着身体肌肉的强壮，对世界的探索范围变得更大更远，她走几步又回头看看妈妈是否还在，确认后安心地再投入游戏。心理学家马勒，把这些离开又折回的现象，叫作情感充电，是人生创造力和冒险精神的源泉，反复的情感充电让你积蓄能量一步步地离开母爱怀抱，投向父亲，那是一个与母亲气质类型完全不同的人，也是女儿在这世间体验的第一个男性相处原型。这个男人的外貌长相、行为模式、思维习惯，都深深地影响着女儿的女性身份的确立、事业成就和成年后婚姻的品质。

母亲和孩子的游戏模式，讲故事、拥抱亲吻、做手工、过家家，大部分是四目相对，把彼此拉近情感亲密连接的母性能量。而父亲对孩子却常用抛、扔，往前冲……有目标，有竞争，往外推向前进的驱动力，进一步激发和强化孩子的冒险和探索精神这一过程，这是让人的自主性得到充分发挥的父性能量。

从母亲的怀抱走向父亲的历程，不止是上面呈现的欢乐和爱，还有来自竞争的嫉妒和恨。爸爸深爱漂亮的妈妈，悲哀的是我却不随她，我无法用自己的女性魅力来吸引爸爸的目光。那我要成为爸爸那样有干劲、有能力的人，而且，这辈子我绝不能像全职主妇的妈妈那样为老公孩子牺牲。我受够了她一辈子的委曲求全，她昨晚试旗袍要参加比赛，我爸说都这把年龄了还出风头，她就嘀咕犹豫。我一想她走了也暂时没人帮我看小孩，就心烦意乱。这说起来，其实我和我爸一样，一辈子都在剥削我妈的价值，视她的付出为理所当然。

而对于妈妈来说，她这一辈子的行为思考基本句式是这样：年轻的时候，因为“老公和家人说想要一个孩子，所以……”；在面临家庭和工作的抉择，她几经思索也还是“出于孩子的考虑我只能选择……”；现在当姥姥了，好不容易有自己的空间，和闺密参加旗袍比赛，因老公、女儿的一句话又在打退堂鼓，“为了能让家庭更好，我只能选择……”。这些句式是以他人为中心的为爱付出和委曲求全，这种思考和行为模式也让他人最终无法听到，或是习惯性忽略我们的需求。到最后都会成为愤怒、嫉妒的根源，这便是她努力催促女儿有所成就，让她实现自己另一面缺失的人生的根本原因。

这就是她说的遗憾，追求幸福美满的婚姻是幸运，也是束缚。其实这两者并不对立，而在她那儿却不能共赢。长久以来女性常有“等、靠、要”思维，虽然客观环境下，社会提供给女性的机会相对较少，但更因为自我主观的束缚，认为女的比男的差很正常，靠自己不行。那么，靠男人就是本能反应。甚至自己比另一半强，会损害男性的自尊，危及婚姻的稳定。

所有的慕强，都是自我习惯性无助在他人身上的折射。流行的“大叔控”正是如此，要找个比我强，有实力、有魅力的比自己大的男人。找大叔没什么不好，但不完美。直升机式的提前享受，从长远发展来看，这会削减女孩的意志力和野心，这是软伤。而年龄差就是硬伤，她不得不面临大叔老了之后，自己尚年轻所要面对的困境。

女孩阶段的心智模式是接受—回馈的二元式拥有合作意识的精神结构

在每一个孩子甚至成人的幻想里，美好的亲密亲子关系是彼此一体的，就是“你跟我是一样的”自恋式思维，但这是错误的认知。任何关系都必须建立在两个或两个以上独立的个体之间。因此分离是必要的，一如孩子出生，正是分离让父母和孩子彼此看见，然后才有真正的关系。也因为分离，连接才有意义。所以，正视和接受分离，才能拥有关系和连接。

而分离的过程，必然伴随着缺失。孩子从母体中分娩出来，母亲需要适应一段时间的“空”的感觉；孩子从母亲的怀抱中分离出来，走向父亲，认同父亲，发展出自己的男性能量。

母亲需要承受孩子不再和你最亲，你需要放手把她交给父亲，成人之后交给另一个男人。在这个过程中，女儿需要得到母亲的祝福。在她内在的想象里，她从母亲那里夺走了父亲，用尽全力爱他、崇拜他，把他占为己有，在四五岁婚姻敏感期里，甚至她还幻想着长大了跟他结婚。好像无论她怎么爱爸爸，她发现妈妈都是爸爸的女人，是无可替代的。因为随着她深入地观察，爸爸妈妈之间有着更亲密的行为，这会让她失落难过。

在这里，对于女孩来说，从生命的第一次热恋中忧伤地退场，体验到不可避免的分离，再也不可能按照自己所想的方式重新回归。某些东西会不可想象地失去，有些事情会永远地结束。也正因为这个缺失，她才能把这段享有特权的关系搭档，从占有爸爸的欲望，腾出空间来投注到同龄异性的身上。

这个必要的体验，是一个了不起的进程。因为这个男人对她的爱，从他的眼睛里，她看见了自己作为一个女性的美好，她慢慢地发展和驯服自己的原始自恋："我是可爱的。"像她的妈妈一样充满女性的魅力。这区别于男性，有足够自尊支撑的原初自我形象的建立是如此的重要，它会对我们的女性身份和外在形象有着笃定的确认和接纳。

如果说女性的原始自恋是："我可爱吗？"那么男性的原始自恋就是："我厉害吗？"这都是一开始从异性父母的目光中镜映而来。女性无法透过努力工作带来价值感，抚慰"认为自己是否有女性魅力"的缺失，正如男性也无法只透过打造颜值来填补社会认可的成功。

因此女人需要在不同的人生阶段通过各种手段让自己变美，而男人心无旁骛地想有钱、有地位、有权势。这是生物性也是社会文化的塑造结果，这也是我们需要看到顺应和超越的部分。

分离是独立的代价，独立是合作的前提。一个女孩在精神层面才真正地拥有社会性，拥抱和发挥生存竞争的力量，合作是

“接受—回馈”，你给出什么，才能获得什么。“交换”是人类文明的基石。朋友夫妻之间的交换，就是你对我好我对你好，爱屋及乌，爱他，爱他的父母，礼待他的朋友。不恃宠不傲功，结成夫妻讲爱更讲恩，互相之间有恩有爱，才能是通向幸福的康庄大道。

“接受—回馈”合作模式，是从A+B=A/B，上升到A+B=AB，是从孩童意识发展到成年意识，从精神结构上这是非常了不起的跃迁，是两性关系运转的基本法则。市面上特别是引进的所有的亲密关系沟通书籍，都在为这个阶段而写，假设的前提就是两个独立的个体之间如何更好地合作。因此说亲密关系是成人之间的游戏，需要有独立的人格支持，否则不是让自己痛不欲生，就是对方遍体鳞伤。只有一方的给予或付出都不会持久，没有“接受—回馈”的平衡破坏了关系长久持续的基础，谁违反了互惠法则而不受惩罚，人们就会感到内心失衡不安。

在A+B=AB“接受—回馈”市场运行的合作的基础上，会开出最为芬芳的花蕊——A+B=C的“分享—馈赠”模式，弗洛伊德在他的著作中曾讲过这样一个寓言：

当大地被洪水淹没的时候，鹰妈妈必须把她的三个孩子带到安全的地方去。可是三只小鹰都太小了，不能长途飞行。鹰妈妈用爪子抓起她的第一个小孩，开始飞翔。“我会永远感谢你的，我的好妈妈。”小鹰说。“撒谎！”鹰妈妈说，一松手就把它扔进了洪水里。同样的命运也落到了第二只小鹰的身上。当它抓住了第三个孩子飞向远方时，小鹰说：“我希望自己长大以后，能像你一样爱我的孩子。”听了这话，鹰妈妈保住了这只小鹰。

孩子欠父母的养育之恩应该在他们长大之后给他们的下一代，而并非遵循“接受—回馈”方式，偿还给自己的父母。孩子是男人和女人两个独立个体 A+B 的结合，他们不是简单而确定的组合 A+B=AB，而是 A+B=C，C 是从 A、B 而来，但不是 A 和 B，更不是 A 和 B 的简单相加相乘。他是一个新的创造物，拥有着自己独特的基因和精神胚胎。培养一个孩子是人生的一大成就，但是如果要求孩子以“交换”法则，用我们所希望的方式来报答我们，那就会扭曲父母和孩子之间的关系，也会让你常常受挫，失望至极。

我们已进入少女时代的女性独立意识觉醒时期

女性觉醒的前提，是要有觉醒的意识和社会环境为其提供必要的生存条件。经济独立是女性独立的关键，鲁迅关切质问“娜拉出走之后”，走向何方？很多女性意识到问题，却没有勇气醒来，女性问题的根本是钱。

在二十世纪八九十年代城市两代独生子女和农村二孩优生优育政策，人为地提高了女性地位，因为对女孩教育的投入和重视，成就了如今女性75%的高就业率，成为世界之最。淘宝和微商的盛行，也给女性提供了更多的赚钱机会。

清华大学教授彭凯平调查报告显示：

年轻但受过高等教育的中国女性是中国经济40年腾飞的一个秘密武器。早期的跨国企业在上海浦东或北京CBD所招的白领高管中将近70%为中国女性；中国女性对国内生产总值（GDP）的贡献率约为41%，超过世界其他大多数地区，包括美国；在生产力方面，她们代表着世界上最优秀的脑力劳动者，也推动着中国社会的进步和发展。在消费方面，她们在电子商务平台购买数百亿美元的商品，令“光棍节”变成对零售商而言全球最有价值的一天。据携程旅行网与万事达联合发布的《2018年中国旅游消费者报告》发现，去年使用携程平台的独立旅行者中，女性占比58%。此外，报告还显示，女性游客的旅游支出也增长了14%。

就像共享单车的出现，让二手单车的偷盗犯法交易成了过去式。而房价的飙升，极大地提高了“包二奶”的成本，冲击着婚外陋习，能“包”得起的成了少数人的行为。男人有钱就变坏，女人有钱就离婚，经济独立打破了两性关系原初的暂时平衡。在这条不断探索突破的路上，男女双方更能发挥所长平等地对话，爱情才能真正地变成两个独立个体之间有意识的产物。

在婚姻家庭方面，改革开放后西方家庭价值观的输入，没有爱情的婚姻就是坟墓，爱情就是正义。女性从爱情小说和影视剧中幻想的恋情，可以在现实中追寻，爱情是刚刚说完再见又忍不住说想念的冲动，是明明近在咫尺却感觉拥抱不够的贪婪……我们在青春萌动的岁月里，可以毫无负担地去遇见、去享受。

我们的社会发展已然来到少女时代，时下各种流量女明星的新闻稿，什么“出了月子立即恢复紧致仙女颜”，甚至“生完孩子以后更像 18 岁少女了”……光少女还不够，生造出一个词，叫“冻龄女神”，时光在她们身上仿佛停驻凝结一般。冻龄不足以彰显对女人对女性特质的重视，还要逆龄生长。这过分吹捧的少女颜过于单一且病态地发展，是过往匮乏和压抑的女性审美的反扑。也是拥抱女性审美，拥抱世界的多样性，人类获得持续的、进步的、和谐的可发展性，一个有趣多彩的进化点。

女孩和少女阶段的心理自我塑造，让我们不断成长为有吸引力、有魄力的人

因为我们有选择权，才会有焦虑。社会统一单调的服饰、群体只发出一种声音，一种生活轨迹，没得选，只能认命的人，不会焦虑。

焦虑，于孩子教育，是教育本身有着更多选择的可能，也是对成为父母这一事业的最基本尊重，因为生养孩子本身就是一个不可逆、以生命为代价、以健康为基础、以父母为项目执行人的新事业。那么亲子双方如何探索、学习、适应、创新从而游刃有余地互相成就，这是需要一辈子去学习的功课。

焦虑，于自我成长，是欲望的外显，是内在的驱动力。卡梅隆的《阿丽塔：战斗天使》在纽约地铁上的宣传广告，是这样写的："从前有一个女孩，她的心愿是，嫁给王子，随后被划掉，改成了，漫步火星。"阿丽塔的心愿是，改变下层人类的生存状态，我们再一起联合起来，向天空之城撒冷挑战。

以前，中国女人的心里，也都住着一个小女孩，这辈子都在等待着一个给她剥虾，把她当未成年人宠爱的男人。"好的婚姻，是在他面前，永远可以做一个小女生。"而从今往后，我们无须等待，我们可以自己剥虾，甚至能下海捕虾，只要你愿意，

还可以剥虾给男人吃。在这个更多元价值观的世界，无论颜值和心灵，作为女人，我们无须逼迫自己不论年纪多大，都往小女孩里凑热闹，回到岁月增添的自然而然，那才是真正的成功和幸福。

女人意识到自己不只是一个女儿、一个妻子、一个母亲，一个女人，还首先是一个人，一个能自我满足“低级趣味”的人，一个成熟的人，自我实现的人，不断向上生长不枉此生的人。

如果你选择工作，老公嫌你顾不上家，孩子吵着要妈妈，你内疚彷徨。一家人都劝你别那么累，不如省点心，各方兼顾过几年再努力不迟；成为母亲的事业女性，会面临很多的诱惑、恐吓和不得已。你需要扛住所有这一切，不要把工作当作打发时间、赚个零用钱的候补，要全力以赴，要野心勃勃，才能为未来挣得更多余裕。

如果你选择家庭，反而需要更加强大的硬核。不被琐事所消磨，保有自我的空间，掌握家庭财政，不断学习，实现经济和自我的双双升值，才能具备抵抗风险的能力。

无论你选哪一条，或是两者都要，你都在不断地挑战自己的潜能。学习跳出自我设限，争取更多的资源，用合作取代单干，要共赢而非牺牲，才是一个女人做出的最好选择，也是在一个家庭里，为爱人和孩子能作出的最好榜样和选择。

成为100分的自己：做自己的父母，活出母性能量和父性能量。

亲子关系，是你诞生于这世间最初的关系，无论你结婚与否有无孩子，你一辈子也是别人的孩子，一个人无论是否有孩子，长大成熟就意味着你有能力成为自己或他人的父母，能自我满足又能服务于他人。而工作就是服务他人的方式，就是在践行做妈妈和爸爸的抚育和繁衍的功能。而人一辈子的努力都是在成为超级父母。

练习一：往事盘点，梳理你的生命历程

花一点时间来自由联想，凭自己第一感觉来书写下面的问题，也可以跟值得你信赖的朋友家人来交流。我们都会根据自己的主观感受来建构记忆，或许你会发现同一件事情，你们的记忆重点不同，理解的角度也不一样，带着好奇心去探索发现。你还可以邀请家人给自己讲故事，来更加深入地了解和完整你的成长史。

为人父母你现在如何评价自己？

你的孩子又怎样评价你？你想做到什么？

是什么阻碍了你？你还缺失什么？

你还需要什么才能做到你想做的？

你希望自己成为怎样的父母？那幅画面是什么样的？

作为一个领导你如何评价自己？

你的下属或上司如何评价你？

你的合作伙伴、客户如何评价你？

是什么阻碍了你？你还缺失什么？

你还需要什么才能做到你想做的？

练习二：做自己的父母，活出母性能量和父性能量

生命之初就是由两滴水凝聚而成，身体携带着母性和男性的能量，道家把生命称为阴阳和合而生。女性的自我成长之路，就是做自己的父母，激活和重塑母性能量和父性能量。这是一条往内走的道路，像你理想中的父母一样，给予自己关爱。长大成人的你无须从再从父母那里追讨，而是通过觉察你的身体，进入你的情绪，去找出里面的黑暗面，去找出那些需要被聆听、需要被接受部分的自己。然后当你不落跑了，不压抑了，你愿意拥抱你的恐惧，你的不安全感，你内在高我意识就被你感知到，你的母爱和父爱就会诞生，会被你体验到。没有任何一位治疗师、疗

愈方法或者心理咨询、工作坊可以完全地疗愈一个人。它们只是提供一种帮助和支持的可能性，真正能够疗愈你的，是生活，也只有生活。而生活就是练习，让我们在练习中一点点地积蓄能量。

1. 女性属阴，当我们在工作和生活中过度地使用了阳性特质的能量，从自信变得兴奋、亢进、疲惫，就会有被榨干的感觉。在平日中击败我们的从来不是大灾大难，一直都是小心酸、小苦涩、小窝囊、小憋屈。然后情绪大爆发到失控，因此需要随时地有意识补充阴性能量特质的活动。

把什么都不做，当成一份礼物。留点时间和空间，随心所欲地发呆，把不想做的事情放在一边。

只是坐着或者躺着，哪怕两三分钟，一边呼吸，一边感觉身体内细微的感受，不看书，不看手机。

选择自己喜欢的音乐。随着感觉自由舞动。一边深深地呼吸，一边感受自己身体的舞动，带着意识活动你的身体。

花点时间在大自然里漫步，散步慢跑闻闻花香鸟鸣。

和其他让你感觉自在的闺密或哥们（同性）一起消磨时间。吃喝玩乐或闲聊，做一些让你们感到开心的事儿。

艺术欣赏和创作，唱歌跳舞、画画、写诗、玩音乐、做陶艺、逛博物馆艺术馆，学一两门兴趣爱好。

练习瑜伽、打坐、喝茶。

做个按摩吧。

晒晒太阳、泡个热水澡。

睡前不看手机，11点之前睡觉。

跟小孩、小狗、小猫欢乐地玩耍。

花时间逛菜市场，做饭享受美食。

和你爱的人甜蜜地约会。

看书、写作、深夜独酌。

到山上的寺庙里走走看看。

……

2. 情绪管理，其实就是练习雌雄同体的思维方式，培养男性能量，就是成为自己的内在父亲，我们渴望从父亲、男人那儿得到什么，就先给自己创造什么。

给自己鼓励、保护、赞美、支持，支持自己喜欢做的事儿。

谋生是你的定海神针，自学和跟别人学习自己所缺少的生活技能。

敢于说“不”。

自律，持续不断地投入做一件事。

改善你的经济能力，不断地向他人学习和提高赚钱和经营事业的本领。

撸铁，增强你的肌肉力量。

做一些冒险的事情。

说到做到，增强你的行动力。

幽默地看待发生在自己身上的事。

和他人发生冲突时，别急着逃跑和反抗，努力地保持稳定，去平静地聆听对方。

热爱自己的工作，有一个明确的目标和方向。

学习健康自恋，肯定自己的价值。

慷慨大方地帮助你周围的亲朋好友。

做错也没事，提醒自己永远有学习和改进的空间。

跟男性多的团队一起工作。

展示自己，成为他人目光的焦点。

学习宏观整体地思考问题。

看哲学和经济类的书籍。

……

我的故事：爸爸，女儿生命中的第一任情人

前些年的某个清晨，“哎呀不好了，我尿床了！”女儿躺在床上撒娇，我依然波澜不惊地继续练瑜伽，因为我知道，总会

有人心甘情愿地配合她的耍赖。果然，还没倒数完10秒，他爸就从床上蹦起来，没来暖气，他冻得有点哆嗦，从衣橱里一路小跑拿着裤子让她自己换上。

一会儿，他们俩拿着地球仪，在床上研究“地图”。“你尿了什么地图，上大学就去那个国家。”他们俩非常认真地寻找。

“俄罗斯，大帅哥普京的领土哦，不过我不喜欢俄语，我想去美国。”女儿噘着小嘴在嘟囔着。

“好呀，有主见，你回头再努力尿一张美国地图呗。”他爸没心没肺地调侃。

“我有点不好意思了，都三年级了还尿床。我在梦里找厕所，着急死了，好不容易找到了，才发现尿床上了。”

“没有关系呀，一会儿你把自己的裤子洗了，我把床单洗了，下次如果白天玩得太累，睡前别喝太多的水。”他爸拍拍她的肩，女儿哼着小曲去洗裤子。

这一幕是如此的似曾相识，20多年前，我到四年级还尿床，扯着嗓子在床上耍赖，每次都是我爸回应：“别着急，我来了。”寒冬里一路小跑给我拿裤子。是的，我有一个温柔有力量的爸爸。

他，是第一个叫我宝贝的男人，也奠定了在这个世界上，我如何去看待男人和如何跟他们相处的基础模板。一个父亲，他如何对待自己的妻子，又如何对待自己的女儿，决定了这个女儿婚姻的质量。这是心理学里，精神分析的核心理论。

在一次亲子课程后，有一位事业有成的闺密深受婚姻困扰，她问我："馨禾，我观察过很多的人，女人脸上的幸福是装不出来的，很多时候，事业的成就给女人带来更多的是压力，而如果她每天都能以一脸真诚灿烂的笑容去面对一切，一定是她的先生和家人给她带来了真正的幸福。而你是如何做到的？你能说说，你爱人是怎么爱你的吗？"

哇，这真的让我有点受宠若惊，我思考了好一会儿跟她说：对于如何经营婚姻，我在学习中，因为我也经历过失败的婚姻，那种撕裂的疼痛依然在心口的某个角落隐隐作痛，不过这也正是我如此珍惜现在来之不易的婚姻的原因。错过，还有意愿和行动走向美好，这就是爱自己。舍不得让自己受苦，就是对自己负责的一种方式。也让我领悟，一个美满的家庭，不是没有问题和冲突，而是当遇到问题时，如果无爱，就变成了某个人的问题。而如果有爱，问题就不只是一个人的问题，而是愿意说——这是我们两人的问题，一起去面对，因为婚姻是一个有生命的精神共同体。

再说女人事业的成就并不一定会带来压力，相对于男人来讲，女人的幸福感更多地来自情感，这是社会赋予女性的限制。家庭和事业并不是相对立的，能做好事业，也是非常棒的成就，要学会为自己的努力喝彩鼓掌才对。而家庭出了问题，如果我们能用做事业的意愿和勇气去经营，也没有做不好的。如果女人能用心营造一个温暖的家，从中得到滋养，通过事业，她会绽放出生命最美的光芒。

说到老公对我的爱，这是一种感觉，对我来说特别像爸爸给到我的爱。于是我给她讲了关于我和爸爸之间的一件小事：

大一暑假回家过年，我说要给大家做一道天津菜，用鱼片、红薯和白菜在一起煮，在学校的食堂里，这是我最爱吃的。我妈妈听了只给我一小片鱼肉，因为她觉得这道创新菜听起来就不靠谱，而且在家里我几乎没做过饭。我捣鼓了一个早上，上桌以后，大家满满的期待变成了一片唉声叹气。后来我才知道，鱼片和红薯粒都必须过油，再做成酸甜口。

而我，只把它们三样原料，简单粗暴地扔在一个锅里煮，确实惨不忍睹。我闻了一下，也被恶心到了，扔到一边去。我妈妈说：“就说她成事不足败事有余，幸亏我没把整条鱼给她祸害。”我正郁闷着吃饭，爸爸下班回家洗手，他很大声说：“听说我女儿下厨做天津菜了，拿来给我尝尝。”不知谁开玩笑说我做的饭连狗都不会闻。本来以为这个笑话就此结束了。

等我盛饭时，发现父亲在另一个桌子上吃饭，他吃什么呢，那么入神。一看才知道是我炒的菜，津津有味的。看我走过来，乐呵呵地看着我说："我这一辈子也没做过饭，而我女儿第一次做饭就比我强。"我扔掉碗，跑到洗手间里偷偷地哭了一场。

那一个背影和憨憨的笑就一直定格在我的脑海里，我知道在这世上总有那么一个人对我不离不弃，即使他不善言表。再后来，我无论身处何方，吃到美味的食物，都要问问怎么做。婚后，我就一天天地练习厨艺。女儿出生后的第一年我回家，做了一桌子的饭菜，这次大家真是闻香而入座。但我不让任何人动筷，而是把爸爸领到桌前，让他一道道地尝遍，才让大家开吃。只有爱，才能回报爱，不是吗？

一个行动的背后，是他对我深深的爱。再后来，一个人漂泊在外，遇到很多的十字路口，我没有选择捷径和歧途。心底里总有一个声音在跟自己说，如果我爸爸就站在我面前，我如何选择？是的，我不能让这个深爱我的男人失望。

这个伟岸的男人，像山一样，小时候，把我放在肩膀上骑马，忘了门框，把我鼻子都磕流血了。我六岁前，他还在工厂上班，每天我都盼望他赶紧回家，一听到他的歌声，我就飞奔过去要他抱，搜他的每一个口袋，我知道里面总会有糖果和其他零食。每一次放学回家，他都会用胡子茬扎我的脸，逗我咯咯笑。长大离家一路上学，都是我自己一个人走，他总站在后面送我，说："我知道我的女儿什么都能干。"

其实父亲不只是女儿通向对外世界的桥梁，更是最初情感世界的参与和建构者。四五岁到上小学一年级有一段时间里，我都特别黏爸爸，每天他下班前都爬到村头的大树上眺望他什么时候回家，无时无刻不想着和他在一起。一天早晨，我才发现爸爸都要亲妈妈一下才会上班，我嫉妒坏了，平时连拽带踹都不起床的我，一跃而起，寸步不离地黏着妈妈。有一次爸爸在洗手间里刷牙，妈妈说，你等一下，我把牙刷放回去。当她带着甜蜜的微笑出来的时候，我放声痛哭许久，就像自己的爱被全部夺走一般，我知道他们肯定已经亲完了，我恨死我妈妈，但这个理由让我又难过又羞愧，只能用号啕大哭来表达自己的愤怒和忧伤。

从那以后我对爸爸的情感从热恋般中消退下来，我们有着淡淡的亲密，更多的注意力转移到了闺密们的身上。来月经前，大概是四五年级左右，晚睡前和我们兄妹仨玩亲亲抱抱游戏的晚安习惯，就突然中止了。我依然很清楚地记得那个晚上，他亲完弟弟和妹妹，把我放在腿上说，这是我最后一次这样亲你了，因为女儿长大了。这句话让我莫名的心碎，脸蛋被胡子茬儿亲昵的感觉被隐匿下去，直到成人之后才被丈夫点燃，在一次个人分析中，我才恍然大悟。

我们所谓的一见钟情，坠入爱河，那种冥冥中的偶然，我们被他人深深地唤起。“我想念你的微笑，想念你的味道，想念你白色的袜子和身上的味道”……从一个小小的局部记忆无意间被激活开始，就让我们产生天大的错觉，我们爱上了面前的这个人，爱上了他的全部。而当你进一步深入交往，接触到他的其他方面，那几乎是灾难，是失望开始的地方。

有人会用一生去追寻爱情，从一个人到另一个人，我们爱上的不是某一个人，而是某一类人，而且是这类人身上的局部特质，寻找的就是那曾经失去的这一个“带着胡子有点刺疼的亲吻”和“腿上的拥抱”，经历这一点点就极度满足，而缺点是这种感觉如烟花般稍纵即逝。

青春期我无意中穿了一件妈妈的衣服，他看了又看，我很清楚地知道，背后那是一双男人对女人的目光，让我欲拒还迎地少女般地羞怯，身体的雌性荷尔蒙第一次被我清晰地意识到。这种亲昵引发的伦理焦虑让我们俩距离变得更远了，我在异性中去寻找这份心跳的感觉。在生命的成长周期中，每一个女孩的成长如我，与父亲的关系在心目中的位置是不停变化的，对于这份爱，特别是对缺失欲望的不断觉知，我们可以避免无意识地破坏，而是有意识地去享受它们。

就是这个男人，是他，赐予了我生命；是他，带着我勇敢地去看这个世界；是他，用一个个爱的行动，成就了现在的我。也是他，给我的情欲世界画上了浓郁的背景色。他像阳光温暖和煦，给予你对世界的最原始的信心；他像一座岿然不动的山，给予你支持和安全感；他像水柔情缭绕，让你悠游自在。“爸”气十足，这就是父亲的力量！

当时我是一边编着手链一边把这故事讲完的，我讲完抬起头时，发现对方已经泪光盈盈，她哽咽地说：“我有些难过，好像自己没有被如此温柔细腻地爱过。”这一情景也让我泪水铺脸，为她心疼，也为她欣喜，从现在开始，她愿意用不同的眼光去看到自己独特的成长历程。

我们无法选择父亲，他也许温柔可亲，也许严厉苛刻，但多年以后，你终究会发现，这个生命中最初的男人，无论他用何种行动来爱你，对你来说都是最好最独特的恩赐。

女人阶段：拥抱你的女性能量，与世界进行高阶合作

就像那些早夭者的美丽身体
悲哀地紧闭在豪华的陵墓里，
玫瑰在头边，茉莉在脚边——
欲望似乎也这样，它们衰竭了，
从来没有满足过，没有得到过
哪怕是一个欢乐的夜晚，
或一个绚丽的早晨。

——卡瓦菲斯《欲望》

小测试：知道我自己是谁

1. 有身份认同问题：我是谁，我是否感到自己是一个真正

的女人，我是否把自己的性别过度戏剧化，比如：努力表现自己的女性性感，或是相反。

2. 认为拥有愿望就能在某种程度上梦想成真。

3. 很难确定自己当下的感受，对于外貌。

4. 大多数时，都在控制自己的感受，或是在控制周围人的感受。

5. 即使在合情合理的情况下与人发生关系，也会有罪恶感和羞耻感。

6. 在与人交流时，遇到不确定信息时，总默默承受，而不是寻找求证。

7. 感到对父母的婚姻问题或离婚有责任。

8. 努力追求成功，是为了让别人感到满意。

上面的选项，哪些符合你的特质？还是先听听故事吧：

偶尔早下班，她会开车去接初三的女儿放学，校门前不能停车，她只好隔着一条宽宽的马路在林荫小道尽头等待，好几次远远地看见一对穿着校服的小情侣在花坛边耳鬓厮磨、卿卿我我。她感慨世风日下，现在的小孩在校门口，竟敢如此不知廉耻无视校规，在这座市中心公立中学上学的孩子，大部分是家里花大价钱买的学区房，大人却疏于管教。她暗想如果是自己女儿，非打断她的腿不可，她更庆幸自己有一个从小就懂事大方的女儿，虽然一直以来学习成绩一般，也不至于此般丢人现眼。

有一次是他们夫妻俩来接孩子，她口渴了去校门口买一瓶水，又看到那一对小情侣，走近冷眼一瞥，女孩把头靠在男孩的肩膀上，虽然看不清脸，但是发型和背影跟女儿十分相似。她安慰自己，这千篇一律的校服，再加上女孩们不能留长发，大部分都剪童花头，怎么可能是自己的女儿呢。她在心里又暗暗地鄙视了一遍这对小情侣的家长，可好奇却牵引着她，一时进退不能。她屏住呼吸，绕过去看了一眼，猛然发现地上的书包就是上个月送女儿的生日礼物，抬眼一看那张稚嫩甜美闭着双眼撒娇的小脸，不就是自己的孩子吗？她倒抽一口气，差点昏厥过去，嘴巴哆嗦得说不出一句话。女孩估计也感受到了腾腾杀气，睁眼一看是亲妈，就像撞见了阎罗王，嗷的一声叫，扔下目瞪口呆的男友，拔腿就跑，连书包都没拿。

她哪赶得上比她高一个头腿长体健的女儿，追了两个路口看着穿越红灯的跳脱的少女，停了下来气喘吁吁地喊道："咱们回家再说，你别跑了！"女孩闷头狂奔，不一会儿就消失在下班高峰的车水马龙当中。她靠着电线杆气急败坏地给丈夫打电话，见面对她就一通狂怼，这天都黑了，女儿能去哪？手机也没拿，一个女孩子万一有什么危险该如何是好？从震惊、丢脸到狂跑让她快虚脱，她这才缓过劲来，两人围着学校周边，找到晚上快 9 点，接到从姥姥姥爷那打来的电话，说孩子今晚在他们家住呢。要不是看在孩子姥爷前些日子做了心脏搭桥手术，她能立刻上门把孩子提溜下楼狂揍怒骂一顿，估计看热闹的家长和同学不知在背后怎么编派了。一想到这些她就七窍生烟，实在不明白，孩子是双面间谍吗？把自己藏得如此隐秘。

“她爸说得倒是轻巧，恋爱嘛不就提前练爱吗？爱不分早晚，都什么年代了。重点是让孩子学会保护自己，注意场合，价值观不走偏就行了。过后是她爸从中调和，孩子归家回校生活也没受什么影响，唯独让我最难堪的是，老公让我抽空跟孩子说说性教育问题。当时我查阅了很多资料，其实我内心深处就不认同孩子早恋，啥也没有恋什么恋，但是又拿孩子没办法，当时也快升高中了，本来就应该以学业为重，即使自己成绩不是名列前茅，也要努力争取呀，居然还有时间恋爱，气死我了。就算有爱吧，能不能克制点。

“跟你说更气人的还在后面，我查阅了很多书籍，如何跟孩子做性教育，一天周末跟孩子吃饭，我刻意地营造一下闺密感，以能更好地打开话题。我刚开口就被孩子噎回来了：‘妈，你不要努力成为我的好朋友，你难受我也别扭，再说你跟我聊性教育，你懂性吗，你懂得什是爱吗？妈，我觉得你就像一个机器人一样活着，被各种程序控制着。’真是耻辱呀，这些年如果不是因为工作家庭的辛劳，谁不想享受呢。女儿又一通反击：‘行了，妈，我知道你又要给我讲道理了，又是责任迫不得已什么的，我谢谢你，我的好妈妈，但是这样的爱让我们很有压力，而且你付出了，你开心吗？咱们就不聊这个话题了，一说就崩，给你添堵，何必呢。’她吃完饭撂下筷子就走了。

“我跟女儿的关系说不上好坏，近了别扭远了难受，好像中间总隔着一层朦胧说不清楚的雾纱。前两年在新加坡陪读，除了她上学，可以说我们俩是朝夕相处，一个屋檐下其实更多是各干各的。我也不知道自己为什么先说这段，最近她的那句‘我妈像个机器人一样，被各种程序控制着’，好像在心里生了根，开始发芽蔓延。我越极力否认，自己越是无计可施。

“周围的亲朋好友都称赞我是人生赢家，我自己觉得也是。老公忠厚老实勤奋上进经营着一家收入不错的公司，女儿18岁在新加坡念书漂亮阳光，双方父母身体都尚且健康，我想做什么就能做什么，不想做什么就不做什么，我没有不幸福的理由。”她衣着考究，妆容精致，话语得体，从容地在质感低调又奢华的皮包里拿出笔记本。

“在来你这里之前几天，我列出了我应该感到幸福的35条理由，每一个理由都是我这些年辛辛苦苦搬来的砖，搭建成了一座还凑合能看的别墅，我住在其中，看着结实，内心深处却总担心地基不牢。陪读回国后，我重新布置家，为了显得热闹一些，爱上了网购，买了很多东西，但反而觉得心里更是空落落的。要不我把日记本给你看看，让你更快速地了解我，或者我把这些理由一条条念给你听，你来帮我分析一下。”

“我还是对此刻坐在我面前的你更感兴趣，对于您自己能再讲一些吗？什么都可以。”对她行动小小的拒绝，其实是对她投入真实自我的邀请。如果她原先给出的理由足能说服自己，她并不需要来到我的面前寻求答案，而答案往往就藏匿在人的控制之外。

她停顿了好长一会儿才开口继续说：“最近这半年，我总在想，父母让我成为他们的女儿，老公让我成为他的妻子，女儿让我成为她的妈妈，我的员工让我成为老板，而我自己呢，我到底是谁？现在都在流行成为你自己，而哪一个才是我自己？我感觉找不到自己，以前每一天都在为这些角色而忙着，现在他们都不太需要我了，当然也是我不愿意再投入了。说实在的，刚开始不适应，但现在说不上适应，就像快没电程序混乱的机器人，不知道自己要去向何方，以往确定无疑的，现在都觉得没有了意义。”她长叹一口气，眼圈红红的。穿过这沉默推开的裂缝，她的人生在我们俩之间拉开了序幕。

“不知道你是否看过前段时间热播的《三十而已》，我觉得自己就是低配版的顾佳，连老公找得都类似，听我慢慢讲。不过呢，我父母双全，妈妈打我记忆起就身体不是很好，一切以我爸和家庭为重，在一家机关单位做行政工作，跟我爸在同一个单位，俩人都谨小慎微，我觉得他们俩都没什么可说的。亮点除了感情还不错，是过日子的人，清白平淡。对我最大的嘱咐总是女孩子安安稳稳过一辈子就好了。

“我可以说是家族里的第一个叛徒，第一个离津到武汉上大学，第一个出来创业不在公务员和国企外企里上班。你都不知道，在我还没有做出一点成绩的时候，那些亲戚朋友含沙射影地刻薄我，现在捧我、讨好我的也是他们，觉得真是没劲。打我上初中开始就不爱跟父母说心里话，无非就是满嘴道理，要低调别出头什么的，嫁个好丈夫比拼命努力工作更重要。都什么年代了，我偏要能耐给他们看看。哎呀，你看在总喜欢讲道理上，我和自己父母也没啥两样，最近真觉得自己越活越像自己的父母，特别是自己不喜欢自己的部分。咱继续，从小我们家就住着 28 平方米老破旧的小独单，直到我毕业上班五年存钱给他们换了 98 平方米的两室一厅。你不知道让他们拿出积蓄补差款多难，最后我放弃了，自己贷款月供。他们存银行的钱也不理财就眼睁睁地看着贬值，老一辈的人认知就在那，后来我想通了，谁也改变不了谁，他们愿意就按他们的方式活着吧。”她喝了一口水，好像讲别人的故事一样不带一点感情。

“我老公不像许幻山出轨，因为从一开始我就紧把公司的财务大权。原先我们俩在一家网络公司上班，他技术很牛，我鼓励他出来自己做。他不擅长做营销和管理，创业十二年，公司明面是他做主，其实除了技术都是我各方面亲力亲为，如今有 30 多名员工，有不错的年收入，他也认为有我一大半的功劳。我老公从小在苏北一个小县城长大，性格随和，生活简单，感情忠贞。这都是优点，不过最致命的是跟我爸很像，没什么野心，衣食无忧就到头了，闲着时一心只爱捣鼓他的花和鱼，这两年经济下行厉害不好干。如果没有我的坚持，估计他早就想把公司关了。”说到这里她很有情绪，就像一个披荆斩棘过关斩将的战士，一路拖着队友，时不时还要回头摇旗呐喊。

“3 年前我们为开拓新市场俩人僵住了，他永远就是，现在就很不错，这把年龄了该歇歇了，说踮着脚久了太累酸疼。45 岁难道不是一个男人做事业最好的年华吗？有经验有资本有人脉，而人家居然往下出溜想不干了。一个没有企图心的男人，你总不能一直给他撑腰吧。当时还决定让女儿去新加坡上学，是为了断绝跟那个男孩经常黏糊，还有她那成绩在国内直接被碾压，我对她没信心。谁知那边的教育比国内还亢奋鸡血，他们爷俩原先想去新西兰学艺术，人怎么能在大好的青春期就想着过养老的生活，我硬生生压了下来。她一个人在新加坡闹脾气根本不适应，够不争气的。语言跟不上，同学关系也处理不好，整天以泪洗面闹腾要回家。我家人又开始唱衰，说我狠心把那么小的孩子就扔国外去，万一出了什么事责任都由我担着。我只好把开拓新市场的事放一放去陪孩子。从小她的自理能力还行，就是像她爸一样遇到怵头的问题就想跑，人哪能这样。全英文教学语言关过不了，我说妈妈跟你一起努力。我陪着她交朋友、跑步、学习。陪她的两年我把自己大学荒废的英语拾起，还通过了GRE考试。老公这边公司的工作也没耽误，真是感谢如今便捷的网络。”

就如她所说的，在她充满奋斗的个人史里，她的能力和实力远远超越了原生家庭，这些年家庭工作两手抓，这完美的人生赢家，她为何无法享受从自己的硕果中得到满足感呢？咨询快结束，我给她一个反馈和两个小提问。在她的整个叙述里，感受不到太多的情绪起伏，只有在父母女儿和老公有问题且帮他们在攻克时，才能看到她眼睛是亮的，情绪是流动的。

小提问就是：如果人生就是一个舞台，她把自己放在哪里呢？她想此刻快快地回答我，我跟她说时间到了。她说要不我今晚回家就给你发短信，你可以不回的，我依然拒绝了她，她掩饰着一丝不快离去。

第二次她带来一个梦：在一个敞亮结实有很多观众的舞台上，她的爸爸妈妈畏手畏脚地在上面唱歌，却发不出声音来，她看着下面观众的嘲笑急出一身汗。老公在她再三要求下勉勉强强演了一场戏，博得稀稀拉拉的掌声。而女儿压根就不配合她的导演，自顾自玩，毫不在意其他人的反应，她强忍着看了好长一会，最后还是冲上台吼了她好几遍。不可思议的是父母老公走过来跟孩子站在一起牵着手，跟自己直接相对立，在明晃晃的舞台灯光下，她更觉得自己难堪，孤立无援，情急之下转头看向观众，发现他们都消失掉了。

“你知道吗，所谓的观众，其实压根不重要了，因为没有人在看你，周围就是白茫茫的一片。”她想站起来做点什么，像是要努力摆脱缠绕的烦躁和无力感。我看着她说：“你需要什么可以跟我说，如果你愿意，也可以站在舞台上，再待一会，感觉一下，我在陪着你。”她闭着眼睛，身体从僵直到放松地靠在沙发上。在长长的时间里默默地流着泪，肩膀和肚子随着抽泣轻轻地颤动着。

她轻轻地坐直，慢慢整理好衣服的皱褶，低下头想了又想才开口：“这些天我很生气，一是生你的气，我都放下身段，敞开着自己的脆弱，却被你心平气和地拒绝了，我还挑不出你的错来，有点憋屈的郁闷。这也有点像我和女儿之间的对话，我都低头想跟她好好聊聊，却总在某个点上被无情地回绝。”说完她长长舒了一口气抬头示威似的看我。

我点点头对她说：“是呀，向一个人，展现脆弱，被拒绝和表达自己的生气都是一件不容易的事情，我很欣赏你的勇气和谢谢对我的信任。”对于一个小心翼翼躲避自己情绪的人来说，能触摸到和表达出来，这本身就是力量感的增长。

她目光柔和了下来接着说：“我才意识到，我刚才说的生气，是多么想从你和女儿那儿得到认可，期待你们都说我做得很不错，而当我抱着这样的期待，对方有一点不如自己所想，就绷不住生气。”这种情感模式所制造的生气是双倍的，把自己置于一种进退两难的处境。一方面生气自己为何总忍不住配合别人失去了自己，另一方面又深切盼望着别人对自己的付出满意，希望自己表现完美，因此身心过于紧绷，一点点风吹草动，就情绪隔离、麻木回避或失控地强势对决，又只好道歉变成新一轮的强迫性付出，这就是僵局所在，而能接触自己的愤怒和脆弱，就找到了出口，踏出轮回的第一步。

“其实我更生父母的气，一辈子窝窝囊囊的，我从小就发誓不能像他们一样。我生老公的气，以他的才华和我的能力，如果都听我的，早就财富自由了，哪有现在这般艰辛苦守。孩子呢，在物质极度丰富的蜜罐中长大，却活得像‘傻白甜’，踹两脚才动一动。为他们做了这么多，你虽然得到了他们嘴上的谢谢，但其实心离你很远。这个梦就是我生活的写照。去年从新加坡回来，我觉得自己特别特别累，提不起劲，什么都不想做。奋斗这前半生，人人都觉得我是赢家，而我感觉从来没有被满足过，就像什么也没有得到过，或者即使我得到了，也不知道如何享受它们。而此刻我才发现，站在舞台上的自己，就像我女儿说的，就是一个机器人，一个被无形力量操控的机器人，原有的程序被自己断掉了，而剩下来要自己编程独舞，却发现自己头脑空空，压根没有自己的舞步舞曲，这才是真正的悲哀和惧怕所在。”

我们费尽心思打造一个人生的舞台，而谁才是主角呢？在这一幕不可重来的人生大戏里，无论你用什么形式来表演，主角从来都是你自己。我们也许会把父母、爱人、孩子、事业……当成主角，但是每个人都有他自己的舞台和序幕。被社会价值观所捆绑着，用尽全力把他们一一摆在舞台中央，用女性特有的弱势方式来表达着自己的强势操控。

人们被孤独地抛掷在这无意义的世界。尽管自由，人却担负着要在这无意义的人生中寻找意义的沉重责任，加上人是社会性的动物，我们想透过“爱与被爱”来寻找生命的答案。“人们只能透过我‘做什么’来界定我自己”，哲学家海德格尔如是说。

在生命的一开始，我们为了活下来，就本能地学习察言观色，希望被人喜欢，得到认可，赢得尊重，以至于我们以为如此一来就能在关系中找到容身之处，确定自己值得被爱值得存在。

而女性更是如此，躲在各种角色的后面接盘所有的外在期待，努力追，用力做。如果社会的自我功能发展得还不错，幸运地进入中年，我们越是接近他人眼中理想的自己——好女儿、好妈妈、好妻子、好员工 / 老板，反过来在镜像中的自我却越发模糊不清。因为我们用尽所有的心力在他人认同自己方式的“角色”上面。成为最好的妻子，100 分的妈妈，而这些只是附在“真实自我”上的角色盔甲，它尽管闪耀、坚实，人人赞叹，自我获利。但盔甲越坚硬，越是阻止我们与自身女性心理能量的连接，渐渐地忘记了自己原初如一朵花，一棵树……作为生命体成为我存在的状态。

期待完美得像顾佳一样的现代都市女性，无意识中被植入了三套强悍的程序。千百年来女人作为一个母亲，就像祖国一样伟大、包容如海……各种高大上假大空的夸赞、捧杀。如今愈演愈烈，我们不仅要披荆斩棘，还要乘风破浪。我们不只是一个贤妻良母，还要是经济独立事业有成。时代赋予了女性更多的选择，同时也背负了最为沉重的包袱。

安装在最底层的第一个程序，女人作为生殖的存在。不只是国内还有东亚地区，受到男权文化的影响，经济和教育处于弱势，女人没有自己的名字，没有发言权，以男性的凝视来体现存在的价值，女性的创造力被压缩到只能根植本能的生殖和养育孩子的功能。生孩子而且是生男孩，母亲才能依附其中，一荣俱荣，一损俱损，相夫教子贤能淑德成了最大的价值体现。我们被社会对女性的刻板印象捆绑着，婚前的做得好不如嫁得好，以老公孩子家庭为重。无论女人多强，她不生孩子就是不完整的女人。无论她事业多么有成或是为社会做出多大的贡献，如果没有孩子，孩子没养好就全盘失败。

男人就是要比女人强，女性从小随父、长大随夫、年老随子，也只有没有任何依靠的女人，才会自己独立拼搏，如果自己的老公不如自己，就选择认命弃权或宣布失败。而不愿认命的女性也要把自己萎缩回来，采取像女主顾佳们的策略，鸡贼地躲在丈夫的后面，名正言顺地说是辅佐夫君打江山，功成名就时暗戳戳地期待别人拱手承认给予一半功劳，鸡飞蛋打时都是老公无能不听自己的。在后面穷追猛打指手画脚地出主意和在台前持之以恒地独当一面真刀实干，那可是两码事。顾佳们如果发自内心地自信，可以大大方方站在台前独当一面，紧抓管理和营销，而不是让一心扑在技术上的大牛老公来做不擅长的事，心有余力也分身乏术呀。这看起来是为了维护老公在公司和家里当老大的尊严和面子，其实何尝不是在贬低彼此的价值呢。她明明可以自己当老大，挣来一切，却要蜷缩着自己曲线救国，以示弱的姿态用所谓的温柔、包容、鼓励、支持来让男人去做他们不擅长不喜欢的事情。男人征服世界，女人征服男人，仿佛只有辅佐男人成功，才能证明自己女性的魅力和价值感所在。

为什么必须如此呢？如果自己在事业上比男人强，会发生什么？她担心男人自尊受伤，因此需要在外人面前看起来不争不抢，害怕大家知道自己想要什么。其实更惧怕自己因此看不起他，因为男人在事业上的不成功，在达尔文弱肉强食的社会法则里就等于失去了男性的力量和魅力。事业上的成功会增强自己的男性气质，而男人的不成功就会削弱他自己的男性气质，在这种背景下配对的夫妻，女人在传统的印象中就该是小鸟依人，而非大鹏展翅，但她一飞冲天时，后面的男人该怎么办？女人的强大会令她感觉自己的女性气质被不断阉割，她会深深恐惧，如果我比男人还强，一个比男人还男人的女人，那我还是一个女人吗？

这是女人无意识的幻想，而更深层的恐惧是，在事业和烦琐的工作中，我们的决策和行为，时时都在不断地被现实所矫正引领，这是对自我来说非常伤自尊削弱自恋的雕琢重塑。这太难了，还是把自己压缩在家庭，围着锅碗瓢盆，躲在男人的背后更安全。为了让虚弱自我的一部分好受一点，总挂在嘴边："如果当初你听我的买房 / 扩张市场 / 转型 / 好好学习……现在就怎么样了""如果……就……"。她们认为但凡拥有愿望就能在某种程度上梦想成真。就像一个学习上行动欠佳的孩子，安慰自己我很聪明，只是不努力而已，但凡我什么时候开始认真学习，就能碾压那些自己看不惯的长年累月努力成绩好的同学。

说到工作，**女性的第二套程序，是作为"生产"的存在**。新中国成立后，经济百废待兴，"男人女人都一样，女人也能撑起半边天"。妇女解放运动，大大地提高了女性的地位和权益。而同工同酬就是真正的男女平等吗？在我上小学时印象深刻的一位同桌的妈妈，南方雨水居多，她的妈妈每到雨天就膝盖腰椎肿痛不能走路。赶进度，树榜样，哪怕在寒冬月经期依然需要跳进生产队的鱼塘抓鱼，泡冰水时间长了落下的病根。还有那个年代在城市中千千万万的妈妈在月子后就需要重返职场，喂奶都需要偷偷抽空到保育院让孩子吃一口的艰辛母婴经历。一律向男性看齐，摒弃传统女性价值和女性特质中的柔弱、敏感、依赖和情绪化等刻板印象，做"家庭妇女"被认为是历史的倒退和缺乏尊严的表现。女性被塑造成铁娘子，好像跟男人一样，压根没有月经和生育这一回事。她向父亲认同，活出了自己的男性面，拥有野心、理性的智慧，勇气和刚毅的阳刚力量，借由这些特质克服原先缺乏社会竞争力的致命女性弱点。但是不顾身体特质，不分潜能禀赋，对女性生产力的不恰当和过度抽空，为社会贡献有价值的母亲形象被高举赞扬，而滋养慈爱的母性却被压缩摒弃。这也导致“80后”“90后”的妈妈重返家庭成为全职妈妈的家庭与社会代际反扑，在婴儿期从母亲那得到的依恋，在自己孩子的身上得到双倍满足。

男权和女权对立斗争了100多年，其实从本质上来说，都是出自同一套底层逻辑，谁厉害谁说了算。权力只不过是从这一端偏到另一端。与《三十而已》同时段上线的《白色月光》，角色刚好倒过来，主角宋佳作为一个职业女性，老公退居二线做全职主夫，虽然结局还是因为男人出轨两人离婚。但是终于在一个国产影视剧里看到一个正常的真正工作着的职业女性，她在怀疑老公出轨公司遇到危机时，不再是感情一崩到底的恋爱脑，而是理性又充满智慧地处理家事和工作。也是唯一一个真心热爱自己的事业，工作起来眼中有光的女主。

改革开放以后，国门打开西方思潮涌进，努力做最好的自己，**“独立”的标签成为女性精神上的第一双高跟鞋，也是女人为自己力争的第三套打开程序**。这一代普遍受过高等教育的女性用勇敢和坚韧打破了那个植根在无意识的浪漫爱情神话，终有一天，一位英俊的王子到来，用一个吻把你唤醒，他用强壮有力的双臂把你抱上那匹高贵的白色骏马，带你一同离去，从此过上幸福的生活。多生子女政策间接地让女性拥有和男性一样被重视普遍受高等教育的权利，经济的独立支撑着她们拥有自己的独立意志，深知被动地等待和幻想一个能解决你所有问题并且从始至终满足你所有需要的男人压根不存在，这样的幻象比在生活工作中遇到的艰难险阻洪水猛兽更为危险。女人不再是一个女婴和追梦少女，不再等着英雄来拯救，而是通过自己的努力成为英雄。拒绝让一个男人、孩子和家庭限制自己的认同并控制自己的生活，她坚信自己是一个强大的、有活力的独立女性。

穿上女英雄的高跟鞋，显得与众不同的好看，但跟太高穿久了，谁难受谁知道。高学历、贤妻、良母、事业出色、身材管理审美在线……都要面面俱到，完美女超人顾佳们应运而生。每天在多重角色中穿梭，且每一个角色都有它精心设计的目标。她们上天入地解决家庭和工作中的一个又一个难题，逾越一个又一个目标，成为一个比 100 分还要更好的自己。她来到了旅途的第一座高峰，被自己成功的虚幻恩赐所迷惑。错误地认为自己的无所畏惧和才华不只能在男性社会中称王，也能在女性世界中用魅力和力量封后。她把自己活成了女超人，而女超人的秘诀就是在家庭和工作中迅速表现卓越，家庭和事业不是平衡问题，而是兼得。她列出最高效率清单一丝不苟地执行，每天踩着风火轮穿梭，在家庭中要成为超级母亲和妻子，在事业上成为超级员工 / 老板。大部分的独生子女还要面对双方四位老人要履行的赡养责任。这个全能的超人妈妈幻象终会被打破，因为她只是一个吃五谷杂粮有血有肉有情感起伏的人类，而非坚韧不摧的超人，就像玩抛多球游戏的杂技演员，技能高超也有疲惫疏忽的时候，一个不留神就会全线崩盘。她必须学会取舍合作，总要有所牺牲。

不灭不生，全能幻象的破灭也是一个动人的时刻，前面一路锻造的硬核品质，让她拥有百折不挠的抗击打能力，也才有实力对占用自己时间和精力的对象说不，打破感觉自己已经主宰一切的幻觉，以此来限制熊熊的野心。她需要用拒绝来展现自己的力量，对自己不切实际的需求说不，她无法成为一个超级职场的女战士，同时又做孩子心中慈爱完美的妈妈。就像热爱工作的宋佳，在面临家庭破裂时她的感慨："婚姻和家庭很重要，但对女人来说，重要的是经营好你自己，这个世界没有完美的婚姻，也没有永远上升的事业，当这些都离你而去的时候，你除了你自己，一无所有。"踩过自己亲手挖掘的坑，那些执念的破灭并没有让她失去吸引力，从泥泞深处爬出来，会变得更加的丰富、立体。

在这个序幕里，我们将会再一次急切渴望与女性气质相结合，和自己的女性原始自恋相遇，这将意味着我们重新点燃在青春少女时期对身体、爱情、性和热情的再次觉醒。这一路所有的自我雕琢，终将走向自我接纳。从这开始我们允许自己展现脆弱，可以慢下来去享受自己的创造，因为人生的意义并不全在于拼搏与得到，与他人特别是女性之间所建构的关爱关系，这些浓烈的情感也可以给身心以滋养，而人类的情感需要在不断地交互中得以升华，给每个人以慰藉。

感谢这个时代，让我们看到女性在各个领域活出自己的光彩，拥有着更多的面向。成为女人，拥抱自己的女性能量，与世界高阶合作，这本身就是一件很不容易的人生功课，在生命中的每一天、每一刻，我们都在经历发展性的主题。

练习一：知道我自己是谁

你觉得自己是成年女性吗？

作为一个成年人你如何评价自己？你的伴侣如何评价你？

你想做一个怎么样的成年女人？是什么阻碍了你？你还缺失什么？

你还需要什么才能做到你想要做的？

练习二：孵化你的“精神胚胎”，让主体性像小鸡一样破壳而出

小鸡宝宝的孵化大约需要21天的时间，当鸡妈妈不分昼夜地孵着鸡蛋过了18天，通过仪器或触感，就能清晰地看到感觉到小鸡出现想要到外界的反应。小鸡要来到这个世界，就必须自己积蓄力量冲破最后一道关卡——啄开坚硬的蛋壳。对于它来说这是一件非常困难的事，因为它十分柔弱。它需要自己决定什么时候从什么地方开始攻破，慢慢啄开。此时就需要外面鸡妈妈的细心观察和聆听，里应外合齐心协力，两者同时在一个地方进行，才能保障小鸡安全健康地孵化出来。鸡妈妈啄早了啄晚了部位不对，小鸡都有可能死在蛋壳里。

因此鸡妈妈在孵蛋的时候十分敏感，若是环境嘈杂或无法集中精神，它就会显得焦躁不安。以蛋壳为边界，两种存在的意义和力量同调，合二为一，才能让生命诞生，同时开创新世界。原初弗洛伊德也用“孵蛋”来比喻新生婴儿的状态，在蛋壳里啄着，想破壳而出。“婴儿时期的生理系统与外在世界的刺激是隔离的，他们很自闭地满足营养的摄取。”这个想法使马勒等人提出“正常自闭”发展阶段，这就是弗洛伊德“原始自恋”的概念，它指出婴儿完全融入自我，专注于自我的现象，是一种自爱，也是培养爱人能力的必要条件。

对弗洛伊德来说，早期的“好”的感觉与“原始自恋”有关，此种自爱是人生存在的必要。在发展过程中，自恋比关系更早出现，人需要能自爱才能爱人。同时，弗洛伊德认为，“原始自恋”会持续到成年，并以“理想自我”的方式呈现。此“自我理想”告知我们的目标、价值、抱负，之后再并入超我，并且以自恋式的父母之爱呈现，而觉得自己的小孩比别人的小孩更加的特别。

成长为女人，也意味着我们有能力孵化自己，让自己以舒适的方式来自我满足，我们成为自己的鸡妈妈，敏感于自己的需要和欲望，使得自己的精神胚胎茁壮成长，破壳而出。因为一个充满女性力量的人，必然是一个珍视自己欲望的人，能自寻满足自在的人，从而也会善待他人的欲望的人。

练习三：女性的独特原始自恋——美貌的诱惑：我们独特的自我意象（self-image）是如何被塑造出来的?

一位毒舌记者调侃莫文蔚：“在娱乐圈里你并不算很美。”她笑盈盈地回道：“我觉得自己很美。”身体意象就是一个人如何看待自己的身体，自己身体的关系如何，是亲密、是满意，还是敌意或厌恶的。一个拥有正面身体意象的人才可能有正面的自我意象，因为我们大多是透过有形有状的身体外观，来建立自我的整体意识。你对自己的外在感觉越是舒坦，那么你的自我意识越是健全稳定。“You are what you feel”，就是你到底“长”得如何，还不如你“感觉”自己如何来得重要。好看的皮囊老天或医生说了算，而有趣耐看的灵魂你说了算。

身体形象是指我们是如何思考和感受自己的身体，也就是你想象自己的样子。以下的问题可以帮助你更好地探讨自我的身体形象：

1. 你觉得自己呈现出来的身体是什么样子的，这里包括你的记忆、你的假设。

2. 你对身体的感受如何，包括你的体重或体形。

3. 在做动作的时候，你是如何感知和控制自己身体的，重要的是你身体的感觉，不仅仅是身体本身，是轻盈的、优雅的、还是笨拙的……你可以找个安静独自的时间，站在镜子前观察自己的身体，可以是裸体，也可以穿着衣服。你也可以翻看自己过往的照片，对于自己的身体和体态，你有怎样的联想？

4. 服饰是我们身体形象的外在表达，如果我们的无意识幻想是个天真无邪的小公主，可能我们会穿一些纯净低龄化的纱裙，我们重返进入职场或升迁，展现强劲的领袖气质就会穿干净利落剪裁得体的职业装，而要展现自己岁月静好的低压力希望，我们可能会穿仙气飘飘的棉麻古风……衣服无时无刻不在表达着女性对自己无意识幻想和身份的认同。同时一个人也只有看到自己内在形象还有提高的可能，才会对自己的形体和形象升起珍视之心，愿意去为自己做些什么。

5. 近两年来，谁是你形体和穿衣风格上的榜样呢？在你衣柜的服饰中，你拥有自己的穿衣风格吗？风格是不断地变化还是比较专一？不同风格之间对你来说拥有着怎样的意义？哪些风格是让你感觉舒适自在的？哪些让你感觉充满了女性的魅力？

女王阶段：物我两忘，活出“忘龄感”

仅仅在昨天

我认为我自己只是一个碎片

无韵律地在生命的穹苍中颤抖

现在我晓得

我就是那苍穹

一切生命都是在我之内律动的碎片

——纪伯伦

核心需要：能力感和成就动机

1. 不敢从政从商，怕被这些强烈的竞争和男性力量所阉割，把自己淹没，觉得自己不像一个女人。

2. 难以处理复杂的人际关系，与异性的关系除了工作，都是性与恋爱的关系。

3. 做事经常拖延，长时间地分析和纠结别人对你说的话。

4. 怕承担责任，因为害怕出错，如果被迫承认自己的错误，会有强烈的羞耻感。

5. 与父母在一起时，很快就切换状态，变成听话或叛逆的小孩。

6. 会因为自己的生活方式与众不同，而感到比别人优越。

7. 总是认为他人没有经历过自己遭遇的事，或是没有人理解你的独一无二。

8. 总去追求某位大师或精英大咖，或是深受某些团体、宗教的吸引。

有时候，生活全貌总会从某个细节开始揭开。七年前某个深夜，她无意中被老公的手机短信惊醒，就像打开了婚姻的潘多拉盒子，他居然在外面包养了 2 个陪酒女。那时女儿正要高考，她不可能在这紧要关头离婚，一番胁迫质问，从分公司的女下属，到原先辞职的企业同事，自己的闺密，幸福婚姻的假象随着时间线被一串串支离破碎地抖搂出来。

一对璧人，结婚 20 年，共同创业 18 年，他懂技术，她懂财务，两人却都不擅长做市场，原初她为去库存只能硬着头皮四处奔走，对于清高的文艺女青年，那段时间真是破壳重塑的疼痛，灰头土脸，隐忍委屈，求助无门，卑微至极。而彼此至真至诚的爱，让他们携手穿越了这一切困阻。在商场上摸爬滚打。一路打怪，她学会了面对委屈打落牙齿和血吞的忍耐，被打时还笑脸相迎的城府，沼泽地里打滚的勇敢，对手嘴里抢饭吃的狠辣，她更心知肚明男人对女色的澎湃渴求。但作为独立有修为有见识的女性，她坚信能经营一片婚姻的净土。而这一切的引以为傲在那个深夜瞬间分崩离析。

她，坐在咖啡馆的落地窗前，干净利落的短发，配上丰腴柔美的身材，盈盈一笑间，淡淡的细纹在她眼周如春风拂水般荡漾开来，惬意地舒展着。她说："离婚后，和比自己小 15 岁的男友恋爱 5 年，每段感情都有得失，不过现在是最满意的状态，7 年前的我，都无法想象自己可以过成此番模样。"遭遇痛苦时就是破局之机，女性的自我意识觉醒的程度和有多大的能力，决定着两性关系的形态，可以按照自己内心的享受来安排自己的生活。人生不要设限，如果不试试，你怎么知道哪些瞬间会不会成为进入下一个阶段的重要节点，最后成就了你的有趣人生呢。

“还记得那次独自旅行吗？本来是家庭旅行的，女儿要上大学想和同学出游，就把我剩下了。每年我会有各种出差，但休假从来没有自己一个人出去放松过。如果我一个人出去，别人会怎么看我的婚姻，会说孤零零一个人也太可怜了。

“那时你回了一句：‘嗯，你又在重复和强调——这是我的婚姻、我的男人、我的孩子、我的家，对方去哪了？’还真是，这场婚姻仿佛我一厢情愿的梦，应该是我们这一代人的梦，找到一份纯美的爱情，有一个男人爱着，珍惜自己，且是一辈子。”

弗洛伊德在一个世纪之前对玛丽·波拿巴（拿破仑的曾侄孙女，曾是弗洛伊德分析心理学的忠实粉丝）说：“那是一片黑暗的大陆，我在对女人的灵魂进行了30年研究之后仍然无法回答，就是女人到底想要什么？”

女人如花，每个女性的精神胚胎就像一颗种子，沉睡在无意识的黑暗大陆中，内在的情欲是魂是驱动力，外在的能力的习得塑造，犹如沾染一点阳光雨露就能沿着她特定的轨迹迎风生长。情欲的驱动力也是需要孵化浇灌，它一直就在那儿，不断地生长，在某一个时刻会激活爆发。女人没有天生的大花，内在欲望与外在能力的淬炼舒展，从小花一路摸爬滚打中，在无数的试错中，迎来了命运中的一次次转机，渐渐地变成一朵艳丽的牡丹。

自己的能力与自己的欲望是否匹配，这是造成女人活在痛苦里的原因。在塑造自身能力的过程中，我们需要不断地体验和检验“我是否欲望着自己的欲望”：得一人而终、颜值才是正义、学习好有钱才能过上好人生……商家父母在售卖着价值观，我们也在无意识地接收着，内化成信条，把他人目光的外衣镶嵌成自己的皮肉，我们欲望着他人的欲望。

两性关系中对方做出非自己所想的行为，容颜随着生养孩子和岁月的衰老退化、外在境遇的动荡……一点点变化都会焦虑不安，我们的努力只不过酿造两种悲剧：一个是没有得到你心爱的东西；另一个是得到了你心爱的东西。因为欲望着他人的欲望，即便得到自己心爱的东西，那也是建立在沙滩上的城堡，摇摇欲坠心惊胆战，也无法填补内在的空乏。

女人到底想要什么？从他人的欲望中剥离出来，孵化成自己的欲望，这个过程虽然有些是你真正想要的，有些是你并不想要的，淬炼的过程慢慢娴熟，这是我们最重要的核心能力。从内往外舒展出来的欲望，哪怕只是星星之火的微弱之光，也能让你心生力量。

欲望没有对错，只有是否清晰和赋予它外在相匹配的能力。解决的办法也只有两个，要不提升自己的能力，要不调节自己的欲望。在拉康之前的精神分析心理学都在教授如何强大自我提高能力，而拉康提出自我是不确定的，要成为自己就是要成为欲望的主体——你如何清晰和调节自己的欲望。

这个世界上事业有成之人，都是因为锻造强大的能力，去匹配上高的欲望。而情感幸福之人，都是能够客观地评价自己的能力，适当地调节自己的欲望，使之能够相匹配。

那么女人的欲望是如何发展起来的呢？在情爱和亲子关系中，我们都经历了什么？

第一个阶段，活在女婴阶段的妈宝女

有妈宝男，就有妈宝女，妈宝女是活在女婴阶段需要安全感的女人，别看她找到的是男人，其实想要寻求的是一种强烈的情感依赖和稳定感，像妈妈带给婴孩的安全感一样，一个宽厚无私、不离不弃的男人，永远能够和她构建成安全依恋关系的一种需求。

两性关系的建立，一切以安全感和稳定为出发的选择。看重物质、地位，常受困于对物欲的匮乏，且这个创造大部分是由对方实现，她不相信自己也可以做到，是习得性无助，精神上的怯懦和懒惰。因此也无所谓爱不爱，能给我带来稳定、体面的生活最重要。

当一个人的价值感和安全感全都来自无法控制的事物，那么她的人生不免会过得紧张和可悲。也正因为不能自力更生，所以只能把自己与另一个人连在一起，这个人也许就是我生命的拯救者，但是这种关系与爱无关。

配合这个深层渴求的呼唤，一个妈宝女需要的是一个生活的照顾者和物质的提供者。

也就是说，在这样一个阶段里，一个男人只需要拥有保姆照顾的能力，对她的情感忠诚不贰，拥有建立安全依恋关系的能力，为她提供给养，就已经可以胜任了。如果对照文学作品，就像潘金莲嫁给武大郎，无数条迫不得已的理由，甚至没有选择，对方老实顾家，给自己容身之地。

欲望和能力不断向上生长，高级阶段的人清晰丰富，低级阶段的人简单混沌。在婚姻中有一种“下嫁”的“作”，一个好看有能力的女人，嫁了一个很普通的老公，也就是说一个值得更好的人，选择了一个比自己条件差较多的人，她让自己成为家里的女王，常找各种事由来操纵老公，无事生非。这内心不平衡的“作”，是在寻找一种富余感的优越感，富余出来的软硬实力和心理优势，不去生造点事情，好像就不足以平衡内心。这装腔作势的强只是她的内心的怯懦欺软怕硬，在情感上她只不过是不敢面对自己黑暗面的小婴儿，找个相对弱势的人投射出去罢了。

而另一种如前文中的“她”，在婚姻中让自己不自觉地活成了圣母般的付出者。一个有圣母情结的女孩，拥有了母亲的身份，用好妈妈好妻子来定位自己，这是基于现实的考虑，也是心理的补偿需要。而当自己的利益或情感受损时，第一件事就马上把自己定义为受害者，老公心机深重，第三者利欲熏心搔首弄姿，就我是纯洁的小白兔，从心理防御机制上，会让自己舒服一点，但是它不全面、不精准、不客观，它能引发的只是怨气和仇恨。

“妈宝女”是妈妈的好宝宝，拥有欲望和变得性感的想法和行为，都让她们充满羞耻感和背叛的恐惧。因此在情感上，欲望还没有被孵化出来，尚未经历“黑化”的过渡期。没有欲望的女人是简单混沌的，这也是很多婆媳矛盾的深层原因。缺乏性吸引力牺牲型母亲很容易养出拯救欲的男孩，她任劳任怨把对丈夫的爱也一股脑都扑在小男孩的成长上，在他成长之后，渴求找一个个性样貌相差足够大的女人，跟妈妈是反面的人，他很容易被“坏坏”的有风情的女生所吸引。这种有性魅力的女生正好是妈妈没有机会成长和显化的阴暗面，儿子被夺走，她有说不出口的嫉妒和失落。

性欲是亲子关系在文明社会家庭关系建构的尚方宝剑，通过强烈的性欲来摆脱恋父恋母是两性成长的动力学。社会心理学家弗洛姆在《爱的艺术》中解释道："在性爱中，两个分开的人结合为一体。在母爱中，曾为一体的两个人被分开了。母亲不仅需要容忍，她还必须希望和支持孩子与她分离。母亲以爱和具体的帮助，使孩子顺利与自己分离。"因此恋父恋母是孩子的需要，更是父母的需要，在两性关系中有足够情感满足的母亲，更容易与孩子分离，也更能容纳和欣赏支持同为女性的儿媳妇。

第二个阶段，进化成一个感情萌动的青春期少女

婴儿在母亲忙碌不在场的时候，会通过吸吮手指来获得安慰，她拥有了第一份自愉的能力，充满新意地利用自己的有限资源来满足自己。她创造了一个过渡性的客体——她的拇指，它不只是自娱自乐的工具，更是发展缤纷多彩的想象力和身体自我感知力的开始。

经历过二十世纪五六十年代的物质匮乏，从单调的生存到丰富的生活模式的转变，使得七八十年代出生的女孩，迎来了感情萌动的大爆发。她们在琼瑶、三毛、张爱玲、亦舒、张小娴等作家的言情小说里遨游，在漫长的少女时光，都在幻想着白马王子的到来，然后一起过上童话般的幸福生活。

爱情和婚姻的幸福成为这两代女孩的执念，爱情大过天，如《大话西游》中的紫霞仙子，她满含春意笑盈盈地说："我的意中人是个盖世英雄，会脚踩七色祥云来娶我。”于是她花了漫长的时间，找到这个“意中人”；又花了大把的时间，让至尊宝对自己产生好感。为了实现理想，她耗尽了青春岁月。最后，她死在了牛魔王的刀下——也没有等到后半生的长相厮守。

至尊宝只是我们理想中的异性，在这个阶段的女人，更多需要的是一个能够勾起他们情感起伏的鲜明男性形象。一个男人需要拥有性吸引力和提供情绪价值，才能够胜任女人在这个阶段的需求。女性的心理需求等级结构在潘金莲文学形象上，她拥有了爱情的欲望和热辣追求的行动，如至尊宝一样形象的武松，一个英雄偶像式的崇拜和男性身体荷尔蒙的吸引力。

那些找到“至尊宝”的女孩，是幸运的。可越是被宠爱越幸运的女性越容易被卡在这里。在情感上自己与他人都觉得自己没有长大。这个年代的女生源于自恋和依恋，她既可以喜欢自己同年龄阶段的小鲜肉，也可以喜欢有魅力的大叔。恋爱脑的“爸爸的小公主”和有实力有性魅力大叔的“洛丽塔情结”正好是配对的。可当一个女性的情感苏醒更自主和经济独立的能力更强大时，会自动地摆脱萝莉情结的束缚，连她自己都会受不了。

现在流行的“70 后”“80 后”女性的中年危机：离婚、瘦身、赚钱，就是进一步完善自我的新契机。也在被现实打脸，那些觉得自己找了一张长期的饭票，就一劳永逸的人，随着中年男人对情爱需求部分的消亡殆尽或移情别恋，她们开始学习放下对男人，甚至对家庭的过度关注，反过来关心自己，特别是事业的成长。去向男人学习，你不能在丈夫和孩子身上实现自己。向男人主流价值观学习，不再把男女之事太当回事，可以心怀天下，在自己的生命中获得你的绽放。

第三个阶段，从少女成长为独立自主又风情万种的女人

情和爱是化解孤独，是亲密连接，是世俗的动力和目的，有情有爱才快乐幸福，谈恋爱，谈一辈子的恋爱，那才叫活着，没有谈过恋爱的一生就是一潭死水。缘起于情人生才值得，“无情”的事，就不要去浪费时间精力了。

女性在爱情中淬炼，无论你是一厢情愿，飞蛾扑火，还是抱憾数年，求而不得。你的明知故犯，一错再错，无论你在爱中以何种面目呈现，那都是爱情，也都是你。爱情源自自恋，而自恋是女性欲望的原动力，被人渴望是女性欲望的核心。从身体到灵魂，女人的一生都在不停地追求在他人的目光中重新发现。

爱情与成熟度无关，如果不努力发展自己的全部人格，那么每种爱的努力都会失败。在足够亲密的关系中，你才有机会照见自己的霸道，任性，嫉妒，贪心……去舒展这些人性的阴暗面，只有认识它，你才不会迷惑于它，且敢触碰着它。这集美好与阴暗，无私与自私为一体，才是爱情本来的模样。你才明白，我爱的不是某一个人，我爱的是爱情本身，和在爱中美好的自己。那个人不是你，也会是别人，归根结底，爱的还是自己。

也只有承认这一点，我们才可能有真正的勇气。勇气能让人有承担力，有承担力的人才能享受在得失之间的两种真正的快乐：一个是没有得到你心爱的东西，于是可以寻求和创造；另一个是得到了你心爱的东西，于是可以去品味和体验。到这里，你才有机会去品尝真正的爱，那是两个人孕育某种更高层次东西的园地，一起追求和共享更高层次更宽广意识的热情，因为通过和你在一起，我变得更加的完整，有力量，更能替自己的生命负责。我们之间的爱被扩展了，透过你的眼睛，我看见了更美好的自己，我爱上了我自己。这让我更爱每一个人，爱不只停留在我和你身上，更是延伸到所有的人，不管是男的、女的、年轻的、年老的，无论国籍和种族、环境背景。

随着心性的磨砺拓展，爱在关系中，次第开花。万事万物都处于“关系”当中，发生“关系”在于动力。亲情的动力在于血缘，基因传承的欲望赋予我们巨大的动力。爱情的动力在于情欲，所以当情欲消退爱的热情便淡去。友情的动力在于志趣相投。

“两人对酌山花开，一杯一杯复一杯。我醉欲眠卿且去，明朝有意抱琴来。”前一刻把酒言欢，一杯一杯又一杯，你侬我侬，下一刻我微醺睡意正酣时，你且离去，各做美梦。明日君也可遂心随愿抱琴相见。

到生命的某个时刻，对于如何爱一个人，我们可以不那么死磕、较劲，不用那么奋不顾身，就是这样轻轻松松的爱就好。这种爱恋与其说是爱情，不如称为“友情”。友谊应该是这世间最高级别无执念的情感，可相濡以沫共度患难，又不纠葛缠绕；可惺惺相惜，相忘于江湖，不必捆绑互困，成熟的亲密关系亦当如此，始于激情，终于友情。好的亲子关系亦如是，始于血缘，终于友谊。

处于这个阶段的女人是感性的，她知道如何给自己与他人提供情绪价值，成为一个有魅力的、经济和精神独立的女性。在这个男女更平等的时代，她更需要的男人是一个合作者，一个可以在彼此怀里孤独有情有爱的朋友，情爱之花，芬芳四溢，超越亲子关系血缘的天然浓烈，亦无亲密关系的血肉共生，多了尊重，少了占有，有了来去自由的距离，才能更好地彼此分享生命的苦辣酸甜。

第四个阶段，从女人到母亲

女人、男人、母亲、父亲，都不是天生的，而是长成的。“成为女人或男人”“为人父母”，都代表着一个独特的心理发展阶段，就像青春期，经历一个个节点，面对很多的危机和挑战。

无论是女人、男人、母亲、父亲，他们不仅是一个生物属性，更是一种精神结构，这些身份不是“自然”获得的，而是像“学历深造”一样，你需要不断地学习、不断地认同，不断地努力，才能成为一个真正的女人、男人、母亲和父亲。

如果一个女孩要成长为女人，再经由孩子蜕变成了母亲。女人的母性体现在，需要养育或培育某些人和事情，才能感到完整和满足。在家庭中，当母亲的爱展现在柔软的沙发垫、干净的床铺、好吃的食物上；当她的记忆力表现在家中永远充足的食物与生活用品；当她的智慧体现在有条不紊、健康干净的家居环境；当她的奇思妙想流露在家中的空气和光线里，整间屋子便都是母亲躯体的延伸，彰显她的存在，而她对家人的深深情感，也透过家事具体表现出来。

作为一个女人和母亲，她不仅是一个独立女性这么简单，更重要的是，作为一个成熟女人，她有着自己的人格，不会成为任何人的工具，她还有自己的人生战略，有自己的目标，可以通过组织周边的资源，以及自我驱动，走向自己人生想要去的方向。

她要承担家庭的义务，不仅是自己家庭的女主人，甚至是公司、事业的女主角。与之相匹配的男人，她的人生伴侣，两人在一起就不仅仅是给彼此提供小情小爱，情绪价值，更是需要两种特别的能力：一种是，里里外外的组织力，不仅要解决家庭的事，可能还需要作为一个夫人去协调，摆平外部的事。还要具备跟这个男人在战略层面、人生规划层面有对话的能力。另一种是战略力，即理解对方的人生目标，并把这个人生目标跟双方的家庭聚合起来，走向人生下一个高峰的能力。

成为母亲，她既创造着生命，也创造了自己。一个拥有源源不断创造力的人，必然是一个有灵性的人，一个对这个世界一往情深的人，这是建立在学识、聪慧、魅力……之上，更纯粹的精神内核，它能让你与万物近几分的同时，又会远几分。也唯有如此，你才不会是一个教育培养出来的流水产品，一个复刻他人的翻印版，你是原创，是这个世上最珍贵的稀缺性，你必须努力放大自己的部分自我，使自己的清晰度、辨识度无比鲜明，同时又要放弃那些你不擅长不可能成为的部分自我，缺失的意义就在于与他人合作，无限连接。

这世间最伟大的生命艺术之一，就是成为母亲。她不仅能孕育出孩子，她还能够作为一个真理的追寻者而孕育出她自己。这份重生的力量，让她毫无保留地奉献自己的身体和灵魂，腾出另一个空间去孕育另一个身体和灵魂，在每一刻给予保护、维护孩子成长与探索世界的勇气和信心，并且带着最热烈的深情与孩子分离，在漫漫岁月里，我们依然相爱相守。

做 60 分的妈妈，成为 100 分的自己：物我两忘，活出“忘龄感”

练习一：

当你面对人生最后一刻时，你想如何对世界说：“我这一生活得有价值！我可以没有遗憾地离开。”

我完成了什么？

我创造了什么？

我值得以后的人记得我什么？

练习二：

财富是什么？是金钱，是经验，是能力，是一段滋心润肺的情感关系？是一份雄心崛起的事业？是一个来去自如的好体格？是一种丰富宁静的心境……

邀请你一起来体验一段财富与心灵的冥想之旅：

向内看，是什么让你全然地心生欢喜？

向后来，是什么支持着你一路走来？

向前看，又是什么吸引着你百折不挠？

我们在这里，一起进入最深邃的黑夜，去看看那最闪烁的星光。

慢慢走，细细经历，里面什么都有。

等天亮了，你忽然发现，已经自带小太阳。

财富冥想练习

1. 与大自然宇宙能量连接

现在邀请你，慢慢地闭上眼睛，用鼻子深深吸气，用嘴巴慢慢地呼气，慢慢地把你的觉知力带入你的呼吸，让你的身体从头到脚慢慢地……慢慢地……完全地放松下来。让我们先与大自然的能量相连接，想象着自己像一棵树，一棵正在茁壮成长的小树，或是一棵根深叶茂的大树，或是任何一棵你想象中的树，深深地扎根在大地里，吸收着日月精华。经由呼吸，让能量透过你的身体，倾泻而下释放给大地。再从脚底吸上来，自下而上从头顶呼出去，释放给无限的宇宙。我们再次从头顶，从宇宙的源头把光的能量吸进来，从身体的四面八方一路下行到脚底，充盈着滋养着你身体的每一个细胞，让你岿然不动地矗立在天地之间。

2. 与父母和家族能量连接

现在你可以请你的父亲和母亲站在你的面前，你去看看他们离你有多远，如果你能看到他们的表情，那是怎样的表情呢……当你凝视他们的眼睛，他们又会跟你说些什么呢？你也可以把这些年，想跟他们说的话说出来……你是他们的孩子，他们是你今生的父母，也是最适合的父母，你可以跟他们说："谢谢你们，给了我生命，谢谢你们为我所做的一切。"

我们再一次深呼吸，让身体更加的放松，在我们想象的眼睛里，在我们父母亲的背后，也站着他们的父亲和母亲，也就是我们的祖父、祖母、外祖父和外祖母，他们此刻就站在我们父母的后面，开心地看着我们，在他们的后面，也站着他们的父亲和母亲……在他们的后面，还有他们的父亲和母亲，生命就是这样一代一代地……从时间的起点，从宇宙的起源，透过我们的祖先一直延续到我们这里。

让我们在这里深深地吸气，慢慢地呼气，让呼吸流动，让能量流通，再一次把生命的能量深深地吸入身体里，把我们对生命的感谢尽情地呼出去，把祖先们对我们的爱和祝福深深地吸进来，融化到身体的每一个细胞里，也把我们对生命的热情与赞叹，从内心最深处，深深地呼出气，让生命的热情弥漫出来。

3. 释放内在爱的匮乏与限制性信念

让我们允许自己待在这里，想象着我们的父母分别站在我们的后面、左边和右边，我们甚至还可以感觉到他们的手搭在我们的肩膀上，透过他们，我们把祖先所有的祝福，都传递到我们的身上，他们是如此的喜悦，祝福我们可以做自己，完完全全地活出自己。

在这一刻，可以看看我们的内心深处："到目前为止，还有哪些人和事，我没有完全地放下？他们想要些什么呢？他们得到什么，就会完全地满足？你可以给他们些什么，是关怀，是微笑、是鼓励、是金钱……哪怕是要我这一条命，我都愿意给出去。"把这些重要的人与事，放在我们的心中最柔软的位置，把爱与祝福送给他们，直到他们的身体完全地发光发亮，放松而柔软。

4. 生成梦想清单

再一次深深地吸气，慢慢地吐气，这一刻我们问一问自己："我需要些什么，拥有了什么，我就感觉完全地满足、自在和富足？是事业金钱，是和谐的关系，是健康的身体，还是精神的富足，或者哪怕是小而确定的幸福？"无论我们从哪个部分开始，都可以允许自己梦想成真。

5. 成就财富人生

我们再一次深深地吸气，慢慢地吐气，此刻我们可以回忆在爱中甜蜜的感受，或是事业上取得成就的时光，我们无比兴奋，充满力量。我们对每一天都充满了期待和想象，迫不及待地去品尝爱的果实，去开启和唤醒更多美好的能量，那些生活中美好积极的事物。我们坚信自己可以翻越一切高山险阻，坚信一些美好的事情会来到我们的生命里，我们选择相信爱，活出爱，成为爱，我们可以轻而易举地富足。

深深地吸气、屏住呼吸，让这份意愿在我们的心里停留一会儿，这份爱的力量与祝福一直存在于我们的内心深处，我们需要的时候随时开启。慢慢地呼气，也把这份爱与祝福随着呼气，送给这个世界，送给与我们相遇的每一个人，让每一个生命都回归到健康、快乐、简单、纯真、富足而优雅的自然状态，如实如是地享受生命中所发生的一切。

6. 收尾

让我们再一次地深呼吸，伸伸懒腰，让身体动一动，准备让自己慢慢地回到这里，再一次深呼吸，让身体扩展开来，感受整个身体空间的扩展，和放松喜悦的感觉。让我们的每一个细胞都记住这份神圣的感受，深深地臣服于这份无限的宇宙能量，当你再一次足够确认这份喜悦和富足，你可以慢慢地睁开眼睛，回到这里，让这份爱与祝福一直陪伴着我们。

第四章

活出最高版本的自己

一个人会有多个版本、多个发展阶段的“自己”，没有恒定不变版本的自我，外显的自我是由我们内在发展的人格结构和外在的人际关系决定着你是谁。对女性而言，是有着“女孩”“女人”“女王”“女神”的不同阶段的“自己”，是一个从“小我”到“大我”不断进阶的过程。

成为自己，是0—1：一个女孩成为自己的故事。

成为我们，是1—2：一个女孩成为妻子或者母亲的故事。

成为更多，是2—3：成为一个领域、一个时代的王者的故事。

成为大我，是3+：从身份中解脱自性、成为一切的传奇。

如果说，“自我—自我”是心灵，自己和自己的关系，是我们的内在心理结构；那么，“自我—世界”就是关系，自己与他人、世界的关系，是我们的外在现实建构。

心理结构与外在关系，互为镜像，你拥有怎样的心灵，就会去建构怎样的关系，你建构怎样的关系，一样可以反观你的心灵。

成为自己，不美不富一样可以改变命运

人生下来就有自我，而一个真正强大的自我，却是需要自己和他人不断相互付出、努力的结果。自我的原初状态就像一个“0”，生命之初的自我，只是一个模糊的轮廓，边界非常脆弱易受威胁，她需要与他人的连接、重要他人的持续在场、支持和关注。这种身体的照顾和心灵的触摸会成为一种新语言，促进自我意识的凝聚，我们存在着，在无垠的宇宙中，不再是模糊而混沌的虚空，而是成为“1”，在这个世界上发出自己的声音。

被自己和他人所看见。终其一生，我们都会有这样的倾向，在心理上，不断地穿越、突破原始全能自恋的黑暗隧道，与某个重要他人、家人、朋友，甚至种族、社会、国家都融为一体，整合进自己的世界里，成为独特的存在。

从 0 起步，到成就 100 分的自己，美国前第一夫人米歇尔的故事可以说是一个很好的例子。

米歇尔作为美国第一个黑人总统的幕后推手，美国人期待的

下一任女总统，她的成功可以被历史大书特书，而最让人触动的是她始终坚持自己是一个普通人。你仿佛看到，一个血肉丰满的普通人，在第一夫人的成长故事里活生生地存在，“我可能是你，你就是曾经的我”。

可以看出，在奥巴马出现之前，米歇尔作为独立的个体就已经生活得足够精彩。她出身于芝加哥南城的贫民区，来自一个租住在姑妈二楼拥挤公寓的黑人家庭，父亲是一个蓝领工人，母亲是全职妈妈。而她品学兼优，一路考上普林斯顿大学，读了哈佛法学博士，25岁就成为全美top5律师会所的精英律师。

有人天生就身心强壮，斗志昂扬，野心勃勃，不屈不挠。生命能在父母与他人的鼓励下，变成强烈渴望，渴望和高浓度持续的欲望，是由人的本性想要达到某种目的的要求。弗洛伊德在阐述人类本源的驱动力——性冲动时，他非常有创意地发明了一个新词“libido”以区别于动物性的本能，特指每个人内在的一种精神力量或能量，这种能量不断地生发、推动，从不让人安宁。我们也可以把它称为“生命力、生命能”，荣格把它称为“心理能量”。

人的心理能量的强弱大小，有天生的因素，也有后天强化的因素。这种心理能量的意志之光，在米歇尔身上，从小就展现得很充沛。

她3岁刚上幼儿园，拼不出单词“white”，晚上睡不着，心心念念要拿到金光闪闪的五角星粘贴，为此一遍遍练习，第二天打断老师的上课，坚决要求再考一次，全对才心满意足。她从小常听楼下姑妈在教授钢琴时对学生的严厉训斥，她就想等她大一点能够着琴键时，一定要姑妈对自己刮目相看、赞赏有加。经过努力，她不但做到了，还敢于挑战老师。米歇尔喜欢按自己的兴趣来随意弹练习谱，而不是像老师要求的那样循序渐进，按编排好的教科书从前往后练习，这让姑妈大为光火。但是她却不畏权威，坚持己见。

如果一个人的心理能量不够强大，受到老师的严厉苛责都会望而却步，小小的她却内心笃定，迎难而上，证明自己。

高中想考普林斯顿大学，老师提醒：就这穷地方，别给自己定那么高的目标，最后受伤的还是自己，她气愤不已，谁规定穷地方就不能出凤凰呢，又一次证明自己是对的。

一个人，如何才能真正成为一个人呢，在成为赢家的过程中，性别、学问、起点高低都不重要，唯一重要的是心理能量的意志。唯有意志，可以使人成为真正的人，然后才有资格坐在谈判桌。

这种意志之光，也体现为主见。米歇尔从小对于穿衣吃饭的主见，她都能有理有据地反驳，敢于坚持自我，挑战权威，这股不服输不妥协的劲儿，从幼儿园到大学日积月累一路实践，会变得非常有能量。

当然，很重要的一点是她的父母也尊重她的决定，欣赏她的个性。

米歇尔在自传中讲述道：“我的母亲在教育子女上秉持着一种禅宗式的冷静和中立，我觉得这种心态非常好，非常难以效仿。我有些朋友的母亲对他们的生活过分关注，我还知道一些孩子的父母因忙于自己的事情而忽略孩子。我母亲则介于两者之间，她不急于下判断，也不急于干预，她观察我们的情绪，慈爱地见证我们每天的痛苦与欢乐，事情变得糟糕时，她只给我们一点同情。我们做得很棒的事，她也只是轻描淡写地表扬一下，我们知道她为此感到高兴，但那不至于成为我们做这件事的理由。”

成为自己，首先是成为一个真正有独立意志的人。我们开篇聊到一个人的原初自我是非常不稳定的结构，聚沙成塔，从0凝聚成1，这就意味着，生命之初的养育关键点是安全的依恋，需要的是持续在场的关注和支持。

从米歇尔的叙述中，你能感受到她的妈妈从她出生就有着强烈奉献自己的需要，而且父母敞开怀抱的欢迎，由深切的期待和关怀而营造的归属感，是孩子安全感和自信的根基。这让她自我感觉踏实，充满创造力，觉得自己有可以贡献给世界的东西。“她的每一个行动背后都有着沉着的自信作为支撑，那就是她会把我们培养成未来的大人，我们的决定要自己来做，这不是她的生活，是我们的生活，而且永远是我们的。”

这份自信和自我价值感，是从父母慷慨的感激中创造出来的一份礼物，人类的发展总是因为深受鼓舞而向前。于人类的精神而言，归属感是超越自我生命的更大整体的存在，将自己作为一份礼物贡献给更大的事情，是作为个体得到满足的方式。

母亲要能容纳孩子的爱恨情仇，没有太多的压抑冲突和耗损。这是英国心理学家温尼科特的“容器”概念，温尼科特认为最初好的母婴关系是“需要一个不会报复的人，以滋养出这种感觉”。世界已经准备好，你的本能排山倒海般涌出。由外在强健温柔的重要他人所映照，构建的美好自我，从而坚信，我是有价值的，我值得被好好对待，我可以要到我想要的。

换句话来说，当我们不再以自己为敌，你就拥有了海啸般的自我能量。这也常常是，为什么我们大部分的人很难变成我们想要的样子，不幸中却被我们的无意识内在冲突塑造成另外一种模样。

策划有序，谨言慎行，及时总结，精准发力，这是米歇尔一路升级，到后来帮助丈夫最终成功当选总统的法宝，而这种不断成熟的心智和稳健的作风，则是米歇尔的父母一早就给她种下的心智种子。

如果说，米歇尔是自童年习得了独立意志的秘密武器，那么造就了世纪神话的温莎公爵夫人，完全是靠成熟的心智、聪明的头脑、独立的人格，成为富可敌国又专情如一的英国国王的一生挚爱。她堪称一个最成功最有才华的编剧，把自己的人生撰写得精彩纷呈，活出了世界瞩目、流芳百世的漂亮人生。

我不是个漂亮女人，我没什么值得看的地方，所以我只能比别人更会穿衣服。

——辛普森夫人

在他们相伴一生的爱情中，温莎公爵不断赠予爱妻无尽的珠宝，与他们惊世骇俗的爱情一样，是温莎公爵惊人的手笔，最惊世骇俗的一次是送了一箱子装有57件卡地亚珠宝的礼物。这些工艺精湛的稀世珍宝，不仅是卡地亚艺术典藏系列中的精品，后来还成为苏富比、佳士得等拍卖会上抢手的拍品，因成交额之高而被称为“里程碑式”拍卖。

无论是在百慕大度假，还是在威尼斯的晚宴上，那些珠宝，都以其夺目的设计使它们的主人绽放优雅而不失自我的风韵。

说到温莎公爵夫人，当时的人们更多称呼她为辛普森夫人。1896 年，她从出生那一刻起，就不被祝福，饱受争议。作为一个非婚生子女，她的出生对家庭来说，就是一个灾难。

按照现在的世俗看，辛普森夫人就是一个私生女，貌不惊人，没有任何背景，没有任何资源跟优势，不被社会接受认可的路人甲。一个几近社会底层的女孩，是如何有天大的自信把自己当成公主看待?

据说，她很早就发奋学习各种技能，从运动到烹饪，从读书到旅行，她最为用心的是接触时尚、歌剧，这些在当时只属于上流社会的兴趣爱好。

仔细感受一下辛普森夫人对着装的品位，这样的品位，绝对不是追追明星同款，或者随手翻翻时尚杂志得来的，而是长久以来养成的习惯，因阅读、学习、旅行而培养的成熟阅历所缔造的。

1930 年的秋天，在一个周末派对上，当时的爱德华王子与 35 岁的辛普森夫人相遇相识。尽管得了重感冒，眼睛发红，她依旧是穿着得体，带着迷人的微笑。

她自信、迷人的气质，高雅、瞩目的着装，直率、有趣的谈吐，丰富的阅历，热情的性格，不仅让王子一见倾心，更是日益着迷。在以后的几个月里，王子几乎天天都去辛普森夫妇的公寓拜访和流连。

1936年，在继位之后不久，成为英国国王的爱德华向王室宣布，要和已经离婚、年届四十的辛普森夫人结婚。多次交涉未果之后，爱德华让出了王位，并且永远不能回到自己的国家。在此后长达40年的岁月里，两个人始终相伴不离不弃，成就了绝无仅有的“不爱江山爱美人”的爱情传奇。

灰姑娘的故事，是每个人从小都读过的童话。一个普通的女孩子，邂逅王子，穿上了水晶鞋，从此过上了幸福美满的生活。然而，更多人不曾了解的是，自律的灰姑娘的背后，是常人所不能承受的磨砺、养成和自我要求。

成为爱人和母亲，依旧是开挂的人生

如果说 0—1 是成为一个有独立意志和情感的人 A，关系中的另一个人就是 B，那么 A 和 B 的互动将会有以下四种情况：

① A+B ＜ A/B

② A+B ⩾ A/B

③ A+B=AB

④ A+B=C

第一种情况，你和我在一起，精神物质都没有增益而是损耗，变成了长久的减分项，这样的亲密关系是很难长时间维持的。

第二种情况，我们以一个人（自己或是对方）的意志为主，另一个人被吞噬模糊掉，这是很多女性在看了米歇尔的自传《成为》，发现她和奥巴马婚后一切以他的事业为主，而对她失望的原因，我们后面再展开来说。

第三种情况，在这个层面上，因为彼此深切的同情、怜惜、愉悦和喜爱，我们发展了同理心——用他人的视角来体验这个世界。我和你在一起，既保有独立自我，又能彼此看见，互相成就。

第四种情况，基于上面三个层次的体验，我和你在一起，我们不只互相成就，还共同有了新的创造，就像父母的结合，生了孩子，这个孩子不是父亲或母亲的复印件，而是有着自己独特灵魂的存在。这也很像在高潮中的体验，彼此的边界感融合消失，我们变成了更大的我，在那一刻，因为这样的高峰体验，我不再是我，而你也不再是你，我们彼此都变大了，由关系中两个人深刻的、连接彼此的努力，我们与更大的存在相连，这接近于佛家的涅槃。

为人妻为人母之后，是否还能够拥有自己的爱好和生活，这是很多都市女性共同面临的困惑和焦虑。而对于真正聪明和独立的女性来说，进入婚姻拥有家庭并不意味着失去自我，好的婚姻一定是双方为了更美好的未来选择共同进步、共同成就、更加丰盛。

带着这个话题，我们可以复盘一下婚纱女王的人生经历，她不仅养育了两个女儿，还投身于自己热爱的时尚产业，中年创业，同时收获了事业与爱情，而今 71 岁的年龄，活出了 17 岁的状态，可谓是教科书级的活法。

我的DNA，就是找到我的真正热爱！

——Vera Wang

日前，71岁的华裔婚纱设计师Vera Wang上了热搜，不是因为出了惊世骇俗的婚纱新品，也不是因为又交了个小几十岁的健硕男友，是因为她在“从心所欲不逾矩”的古稀之年71岁，身材居然紧致纤细，媲美年轻的少女。紧实的身形，修长的双腿，令人羡慕的发量，让多少年轻女性纷纷哀叹老天不公。

对她而言，信奉“老而不衰”，“老”是自然规律，而“衰”绝不允许。但相比身材，她还有个更响亮的名头——婚纱女王。

在美国有这样一句话：“未婚的女人想要一套Vera Wang，离婚的女人想念那套Vera Wang，再婚的女人庆幸自己可以再拥有一套Vera Wang。”

从政界要人到名流们的婚礼，Vera Wang几乎都是御用品牌。在每年的奥斯卡金像奖星光大道上，Vera Wang就像是永不会出错、绝不会让女星得到“最差劲服装奖”的品质保证。就算一件婚纱的价格足够买下一辆名车，但照样让人趋之若鹜。

2005年，获得美国服装设计师（CFDA）大奖“最佳女装设计师奖”；2013年，拿到了美国设计师协会颁发的“终身成就奖”。然而，她并非一个专业出身的设计师，甚至，她没有学过设计。

她40岁才开始创业，但每一段失败的经历，都推动她迈向创业之路。在Vera Wang创立之初也非常艰难，作为一个女性创业者，不仅会遭到外界的质疑，对内也很难获得下属员工的信任。但她不仅没有退缩，并且坚定自己的想法，把事情做好。她每天早上5点起床，接待客户、选取面料、包装盒子都要亲自上阵。夜深人静时，她还要继续工作。带着两个女儿在办公室随便解决晚餐，更是常有的事。

如今，Vera Wang已经成为婚纱的代名词。而且她所创立的婚纱帝国，也已经不局限于婚纱，涵盖了从订婚戒指、成衣到餐具和化妆品的各种产品领域，Vera Wang已经发展成一个时尚帝国。

自1990年在纽约开设了第一家精品店以来，Vera Wang在全世界有超过300家门店，Vera Wang的身家超过40亿人民币。在40岁的年纪，还带着两个女儿，能够创业成功，我们可以看到，她波折又精彩的事业经历的背后是：

每一次都在失败的边缘转身，却为下一段的精彩做好铺垫。

她19岁败北于入选美国滑冰国家队，运动员的梦想就此夭折。之后她前往美国VOGUE工作，开始了长达16年的编辑生涯，从助理做到资深编辑，眼看离职业顶峰越来越近，却在竞争主编时失败了。离开熟悉的编辑工作，她开始尝试非专业的时尚设计。“这是一个不计后果的冒险行为，以前的工作是创造时尚的图片，而如今是要创造真正时尚的产品”，面临巨大的职业转变，她坚定地去做了。虽然离开花样滑冰已久，但她依然关注这项运动，她争取到了为美国队设计参赛服装的机会。那年，花样滑冰运动员穿着她设计的服装赢得了冬奥会铜牌，自此Vera Wang开始走红。

从运动员，到时尚编辑，设计总监，再到最后个人创业，每一次大跨度转型，她始终没有放弃自己，始终集合人生所有的努力、人脉和资源，为最终的梦想助力。

所以说，A+B=C，前提是要保持独立思想，拥有勇敢的心，这是一种强大的能力。

你活出了你的梦想了吗？

你的自我呢？

这真的是你想要的生活吗？

这灵魂三连问，更是我们每一个女性在成为人妻、成为母亲之后的日常思考。

成为更多，成为引领时代的硬核女王

从 1 到更多，是一个不断诞生新自我，然后整合、拓展，从而建设外在影响力的过程。她不一定拥有地位，也不一定掌控权力，但她自始至终清楚自己人生的愿景，并知道如何一步步实现愿景。从这个意义上来说，她成为自己的父母。人一辈子的努力都是在成为超级父母。亲子关系，是你诞生于这世间最初的关系，无论你结婚与否、有无孩子，你始终都是别人的孩子。一个人无论是否有孩子，长大成熟就意味着你有能力成为自己或他人的父母，能自我满足又能服务于他人。工作就是服务他人的方式，就是在践行做妈妈和爸爸的生产和培育的功能。

历史上，这些拥有超级生产力和培育功能的强者，富有影响力的女性，例如特蕾莎嬷嬷，例如夏奈尔，她们没有担任过领袖的职位，却拥有亿万的精神世界子民，她们重塑自己的过去，成为自己和引领时代的王者。

女性必须和自己的内在“强势的国王”充满男性气质的原型

相结合，而这种阴阳结合的新力量才有机会将自己锻造成为深具影响力的硬核人物。这种一统天下的男性英雄特质，至少要包含三个要素：

1. 拥有清晰定位，明白要做什么。有明确的价值观和主张，才能凝聚更多有相同价值观的人形成认同，特别是情感认同。

2. 有勇气采取行动，不畏失败。整合她的阿尼姆斯，有决心、理性的智慧、勇气和刚毅的阳刚力量。

3. 敢为天下先。有独树一帜的风格和做事方式，有独特的标识打动人心。

就像夏奈尔，她所有的作品，都是在不留余力地诠释女人眼中的女人。她更是以雌雄同体的山茶花为标识，以鲜明的黑白两色，强调女性自由、独立、不柔弱、不妥协。

如今，这个品牌所有的包包、成衣、化妆品，都带着这些独树一帜的基因，让不同时代、不同地域、不同年龄的女性们爱不释手。这个名字，这个标识，已经超越了夏奈尔的人生故事本身，而成为穿越时光、跨越国界的价值路标和情感纽带。

这种价值观的硬核凝聚，对亿万人群产生审美和文化层面的持久影响。真正的硬核品质，就是这样跨越行业、跨越国界，更是跨越时间。

身为一个女人，你可以穿不起香奈儿，你也可以没有多少衣服供选择，但永远别忘记一件最重要的衣服，这件衣服叫自我。

——夏奈尔

一个贫穷落魄的孤女，奋斗成为一个著名的服装王国的开创者，她在当年一个由男性一统天下的社会里，潜心经营，赢取了财富与名望。夏奈尔的一生，改变了世人对于服装的认识，对于女性的认识。而她所有的坚强、独立、智慧，终将永远散发独有的芳香，正如那瓶著名的5号香水，正如她凝聚心力打造的传世品牌。

夏奈尔是一个私生女，12岁时，母亲因病去世，父亲不久也抛弃了家庭，她在孤儿院中度过了7年惨淡时光。她在孤儿院里练就了一手出色的缝纫手艺，她靠做帽子和针线活儿开始了自己的创业。

1913年，夏奈尔在法国南部开设了第一家服装店，推出自己设计的简约的针织羊毛运动装，开创了衣着宽大的风尚。从一开始，她就打破常规，向陈腐的设计风格挑战，她的目的，就是要把妇女从头到脚摆脱“矫饰”，创造一个焕然一新的形象。

1914年，夏奈尔在巴黎设立了工作室。第一次世界大战期间，物资奇缺，奢华夸张的传统设计风格难以为继，而夏奈尔的作品既节省布料又显露出与众不同的魅力。

她没学过设计，但她似乎有某种天赋，能够去引领潮流。

比如，她大胆地只用黑白两色，一反过去烦琐的高级时装，主张造型简洁、明快，色彩单纯、素雅。再比如，一袭黑色裤装，颠覆了社会的习俗和对女性行动的束缚；一顶帅气的时装帽，引领了新时代的优雅气质；一瓶名叫5号的香水，表现出了女性的勇敢与大胆；一条人造的珍珠项链，从此让看似昂贵的珠宝走向了普通平民女性的身边……

她以敏锐的嗅觉，革命性地改变了人们的穿着品位，她的服装，一次又一次地打破了传统对女性的束缚，成为社会主流和时尚。

1954年，因战争而沉寂多年的夏奈尔重返巴黎，这位71岁的领袖再次发起了一场革命。她推出的“小黑裙装”风靡全球、经久不衰，成为首选的经典女装。

无论时尚如何风云变幻，多少天才的设计师来了又去，Chanel品牌及夏奈尔的名字以及她所亲手创立的时尚王国，至今都刻印在时尚舞台的正中央。

夏奈尔一生未婚，身边不乏名人男友，包括俄罗斯作曲家斯特拉文斯基、诗人列维第等，最有名的当属英国西敏公爵。但夏奈尔却一直坚持独身，用她自己的话说，这是因为她“从来都不愿像小鸟一样太多地依附于某个男人”。当西敏公爵向她求婚时，她拒绝道：“这世界上有许多公爵夫人，但只有一个可可·夏奈尔。”

夏奈尔开放而独立的思想观念，特色鲜明的服饰风格，浪漫的爱情和传奇的人生，都为后世的人们所津津乐道。

她不停地创造奇迹，改变了一个时代。夏奈尔无疑是一个大写的女性，她的所言所行在当时的社会无疑都是离经叛道的。直到今天，她的形象都代表着追求个性独立、物质自足乃至精神自由的女性力量。相信这种“叛逆的正能量”，也能够滋养新一代的女性。

成为大我，母性的力量可以拯救地球

如果说，小写的女性，独善其身，结婚生子，做一份安稳的事业，维系一个漂亮的外在形象，也是一种精致的美好；那么，大写的女性，关心他人，守护珍贵，并激活群体的力量，这便是磅礴的大爱。

母爱无私而神圣，将这些天性中的母爱光辉和美德融合后，女性与慈善的联系简直就是浑然天成。这种升华之后的大爱，可以成为更多心灵的安顿和拯救力量，是人类精神世界最好的呵护和抚慰。这种慈爱的力量，涵盖了无私、奉献、坚韧、接纳、宽容、关怀、同情、博爱、温柔、智慧、安静和美丽，让女性以大写的形象熠熠生辉，可以照亮一切黑暗。

成为大我，意味着超越二元性，因为女性特质与男性特质两者的结合，完全发展的女英雄就是一统“两个世界的主人”，一方面，她已经在职场的世界中功成名就。另一方面，她在个人的世界里得到了满足。她可以说是荣格神话原型所代表的心理学上雌雄同体，大母神的存在。

大母神是女性发展的最高阶段，是完全发展的女性英雄，她整合了所有的内在资源，获得了心理上的平衡，以及一种完整感，她能自在穿梭于各种身份中，深深臣服于自己的命运。

只有学会或者重新拥有女性的力量，才能使这颗行星避免无法居住的厄运。

被誉为“英伦玫瑰”的戴安娜，美丽洒脱，却早逝于巴黎的一场车祸，年仅36岁，举世哗然。从王室的花瓶到独立的女性，从懵懂的少女到伟大的母亲，从时尚风向标到文化现象……即便在离世20年以后，戴安娜王妃仍然深受人们的热爱。

1996年，戴安娜与查尔斯离婚，戴安娜搬出皇宫，成为真正的平民公主。即便如此，戴安娜公主仍然坚持她的慈善事业，对于弱势群体，对于孤儿，对于艾滋病患者等，戴安娜都给予无微不至的关怀和帮助。她将婚姻中的痛苦转化成对慈善事业的热爱，让更多的人得到她的关爱和帮助。

对于一个充满心理能量的人，苦难没有让她退缩，而是让她放大了母爱，放大了她母性成分中的柔软、温暖、宽容和谅解。

很多人都说戴安娜王妃的一生是不幸的，可对于那些接受她帮助的人，却是幸运的。曾经天真烂漫的戴安娜王妃经历了一次令她一再心碎的婚姻，便将精力投放到做慈善的行业里。

戴安娜多次出访北非，访问慈善医院、学校、慈善机构、筹款活动，使当地的许多人的生活得到改善。她海外出访的地点还包括安哥拉、澳大利亚、波斯尼亚、埃及、印度、巴基斯坦和许多欧洲国家。戴安娜王妃就多个议题发表了自己的看法，并利用自己的高知名度来为慈善组织作宣传和筹款。她是一位真正的人道主义者，这得到了人们的尊敬。

同时，戴安娜王妃去世前还是六个军团的荣誉团长。然而，她生前参与的最后一个事业并不符合军人身份：提倡废雷。

那是她对公益最杰出的贡献，为全球反地雷运动奔走呼告，生前曾多次亲赴安哥拉、波黑等战乱地区，并亲自踏进地雷区视察，看望当地因触雷而导致伤残的平民。

正因为她的影响力，使这些以往不被关注的弱势群体进入人们的视野。在她的支持下，“国际反地雷运动”蓬勃发展，这个原本名不见经传的非官方组织，在戴安娜王妃支持禁雷法案后名声大振，先后获得 60 余个国家、上千个团体的加入。到 21 世纪初，全世界超过 135 个国家签署禁雷条约。戴安娜王妃首倡义举，功不可没。

正因为戴安娜的这些举动，她才赢得了大家的尊重，在她去世后，人们为她扼腕叹息。

其实，每一个女性天然都拥有这份母性的力量，女性这个群体，拥有先天的母性和同情心，把这个感情放大，会收获意想不到的成果。

一个职场女性，可以通过兼顾和平衡，拥有完整自我，坚强独立，活出自己的人生。一位全职太太，也可以承担家庭的责任，担负孩子的全面成长，也能拥有更多的热情，致力于慈善的推动。

我们期待更多的女性，活出大写的状态，因为才华，因为创造力，因为公益心，可以柔软到极点，也可以坚韧到极点，个性独立，爱生活，爱生命，爱人类。不断打破固化的人设，不断鼓励自己向前，不断尝试新的版本，向未知的领域探索，一起来试试吧！

图书在版编目（CIP）数据

60分妈妈，做100分自己 / 黄馨禾，郑爱敏著.
--北京：中国工人出版社，2020.11
ISBN 978-7-5008-7528-4

Ⅰ.①6… Ⅱ.①黄… ②郑… Ⅲ.①女性心理学—通俗读物
Ⅳ.①B844.5-49

中国版本图书馆CIP数据核字（2020）第217497号

60分妈妈，做100分自己

出 版 人	王娇萍
责任编辑	王 宁
责任印制	黄 丽
出版发行	中国工人出版社
地　　址	北京市东城区鼓楼外大街45号　邮编：100120
网　　址	http://www.wp-china.com
电　　话	（010）62005043（总编室） （010）62005039（印制管理中心） （010）62379038（社科文艺分社）
发行热线	（010）62005996　82029051
经　　销	各地书店
印　　刷	北京市密东印刷有限公司
开　　本	880毫米×1230毫米　1/32
印　　张	7.375
字　　数	147千字
版　　次	2021年2月第1版　2021年2月第1次印刷
定　　价	45.00元